Salah Kermiche

Modélisation et Commande d'un robot par méthodes intelligentes

Salah Kermiche

Modélisation et Commande d'un robot par méthodes intelligentes

Commande intelligente d'un robot

Presses Académiques Francophones

Impressum / Mentions légales
Bibliografische Information der Deutschen Nationalbibliothek: Die Deutsche Nationalbibliothek verzeichnet diese Publikation in der Deutschen Nationalbibliografie; detaillierte bibliografische Daten sind im Internet über http://dnb.d-nb.de abrufbar.
Alle in diesem Buch genannten Marken und Produktnamen unterliegen warenzeichen-, marken- oder patentrechtlichem Schutz bzw. sind Warenzeichen oder eingetragene Warenzeichen der jeweiligen Inhaber. Die Wiedergabe von Marken, Produktnamen, Gebrauchsnamen, Handelsnamen, Warenbezeichnungen u.s.w. in diesem Werk berechtigt auch ohne besondere Kennzeichnung nicht zu der Annahme, dass solche Namen im Sinne der Warenzeichen- und Markenschutzgesetzgebung als frei zu betrachten wären und daher von jedermann benutzt werden dürften.

Information bibliographique publiée par la Deutsche Nationalbibliothek: La Deutsche Nationalbibliothek inscrit cette publication à la Deutsche Nationalbibliografie; des données bibliographiques détaillées sont disponibles sur internet à l'adresse http://dnb.d-nb.de.
Toutes marques et noms de produits mentionnés dans ce livre demeurent sous la protection des marques, des marques déposées et des brevets, et sont des marques ou des marques déposées de leurs détenteurs respectifs. L'utilisation des marques, noms de produits, noms communs, noms commerciaux, descriptions de produits, etc, même sans qu'ils soient mentionnés de façon particulière dans ce livre ne signifie en aucune façon que ces noms peuvent être utilisés sans restriction à l'égard de la législation pour la protection des marques et des marques déposées et pourraient donc être utilisés par quiconque.

Coverbild / Photo de couverture: www.ingimage.com

Verlag / Editeur:
Presses Académiques Francophones
ist ein Imprint der / est une marque déposée de
OmniScriptum GmbH & Co. KG
Heinrich-Böcking-Str. 6-8, 66121 Saarbrücken, Deutschland / Allemagne
Email: info@presses-academiques.com

Herstellung: siehe letzte Seite /
Impression: voir la dernière page
ISBN: 978-3-8381-4589-1

Zugl. / Agréé par: Annaba, Université Badji Mokhtar Annaba Algérie

Copyright / Droit d'auteur © 2014 OmniScriptum GmbH & Co. KG
Alle Rechte vorbehalten. / Tous droits réservés. Saarbrücken 2014

TABLE DE MATIERE

I		**Introduction générale**…………………………………	**8**
	I.1	Introduction……………………………………………..	11
	I.2	La robotique mobile…………………………………….	11
	I.3	Perception et modélisation de l'environnement …….	14
	I.3.1	Localisation……………………………………..	14
	I.3.2	Planification et exécution de mouvements………...	14
	I.4	Les architectures de contrôle………………………….	15
	I.4.1	Les architectures hiérarchiques de contrôle…………	15
	I.4.2	Contrôleurs réactifs……………………………...	17
	I.4.3	Architecture de forçage / inhibition………………..	19
	I.5	Contrôleurs hybrides…………………………………….	19
	I.6	Complexité de planification de mouvement…………..	20
	I.6.1	Notion de complexité ……………………………..	20
	I.6.2	Complexité du problème de planification de mouvement…………………………………………..	20
	I.7	Navigation……………………………………………..	20
	I.7.1	Navigation en milieu intérieur……………………..	23
	I.7.2	Navigation en milieu extérieur…………………….	25
	I.8	Méthodes de suivi………………………………………	25
	I.9	Les champs de potentiels……………………………...	26
	I.9.1	Génération de commandes par potentiels……………	27
	I.9.2	Génération de chemins par potentiels………………	30
	I.10	Motivation et problématique…………………………..	33
II		**Modélisation**……………………………………..	**37**
	II.1	Introduction……………………………………………..	37
	II.2	Modélisation géométrique……………………………...	37
	II.2.1	Modélisation géométrique directe…………………..	37
	II.2.2	Modélisation géométrique inverse………………….	38
	II.3	Modèle cinématique…………………………………….	39
	II.3.1	Introduction………………………………………..	39
	II.3.2	Modèle cinématique direct…………………………	39
	II.3.3	Modèle cinématique inverse……………………….	40
	II.4	Modélisation dynamique……………………………….	41
	II.4.1	Introduction………………………………………..	41
	II.4.2	Formalisme de Lagrange-Euler……………………..	41
	II.5	Application du modèle dynamique pour un bras…….	42
	II.6	Présentation de la chaise roulante……………………	44
	II.6.1	Modèle de la chaise roulante………………………	44
	II.6.2	Non holonomie de la chaise……………………….	44
	II.6.3	Contrôlabilité de la chaise………………………...	45
	II.7	Modèle de la roue……………………………………….	45
	II.7.1	La roue fixe………………………………………..	46
	II.7.2	La roue directrice………………………………….	47
	II.7.3	La roue folle……………………………………….	47

			Conclusion..	48
III			Logique floue...	49
	III.1		Construction d'un contrôleur flou..................	49
	III.2		Introduction à la logique floue.....................	50
	III.3		Structure d'un contrôleur flou.......................	50
		III.3.1	Opération de fuzzification...........................	52
		III.3.2	Règles d'inférence.....................................	52
		III.3.3	Opération de défuzzification.......................	53
	III.4		L'apprentissage en logique floue.................	54
		III.4.1	L'apprentissage des paramètres.................	55
		III.4.2	L'apprentissage structurel.........................	56
	III.5		Méthode proposée...................................	58
		III.5.1	Procédure de commande.........................	58
		III.5.2	Méthode d'évitement...............................	58
		III.5.3	Contrôleur flou pour l'évitement d'obstacle..	59
	III.6		Contrôleur flou auto ajustable....................	62
		III.6.1	Contrôleur de type Takagi-Sugeno.............	62
		III.6.2	Fonction d'appartenance..........................	63
		III.6.3	Inférence..	63
	III.7		Méthode d'apprentissage..........................	64
	III.8		Algorithme général...................................	64
	III.9		Adaptation des paramètres.......................	65
	III.10		Résultats de simulation............................	68
			Conclusion...	71
IV			Algorithme génétique...............................	**73**
	IV.1		Introduction	73
	IV.2		Principe de fonctionnement des AG...........	73
	IV.3		Principe des algorithmes génétiques.........	74
	IV.4		Structure de l'algorithme génétique...........	75
	IV.5		Le croisement..	76
		IV.5.1	Le croisement à un site...........................	77
		IV.5.2	Le croisement à n sites...........................	77
		IV.5.3	Le croisement uniforme...........................	78
	IV.6		La mutation..	78
	IV.7		Le principe de construction d'un contrôleur.	79
	IV.8		Apprentissage d'une base de règles floues.	79
		IV.8.1	Génération de règles floues	80
		IV.5.2	Système flou et approximation universelle..	84
	IV.9		La modélisation floue..............................	87
		IV.9.1	Processus d'ajustement..........................	89
		IV.9.2	Ajustements des structures surfaces et profondes....	90
	IV.10		Processus d'ajustements génétiques.........	93
		IV.10.1	Processus génétique..............................	93
		IV.10.2	Composantes génétiques........................	96
		IV.10.3	L'interprétation de la méthode d'ajustement....	97

IV.11	*Etude et simulation du processus d'ajustement*……..	*100*
IV.12	*Résultats de simulation*……………………………………	*103*
	Conclusion………………………………………………….	*108*
	Conclusion générale et perspective…………………..	*110*
	Bibliographie…………………………………………….	*115*

Introduction Générale

L'implantation de robots dans des ateliers, a mis en évidence différents problèmes liés à l'utilisation et à la gestion des sites robotisés, dont le manipulateur est l'un des composants. Afin de contribuer à la résolution et à la maîtrise de ces derniers, différents outils ont été développés dont l'objectif est d'apporter une aide à l'utilisateur ou au concepteur pour résoudre les problèmes qui se posent lors des différentes phases du travail, et qui concernent par exemple, le choix du robot en fonction des tâches visées, l'implantation de celui-ci dans un site et les méthodes de programmation. Ces différentes tâches peuvent être résolues ou potentiellement traitées par l'utilisation de systèmes *Conception assistée par ordinateur* (CAO) Robotique, qui offrent de puissants outils graphiques permettant de traiter facilement certains des problèmes cités. Ils permettent en outre, au moyen de simulateurs graphiques, de programmer et de simuler hors ligne les tâches. Ainsi, les problèmes d'accessibilité de la tâche et d'évitement de collisions peuvent être vérifiés lors de la simulation ce qui permet de réduire la phase de vérification sur le site réel.

On considère dans ce livre le problème de la planification de chemins en présence d'obstacle. Historiquement, la planification de chemins correspond aux premiers travaux de recherche effectués dans le domaine de la planification de mouvement et se limite à l'aspect géométrique du problème.

L'objectif est de déterminer à chaque instant quelle commande doit être envoyée aux effecteurs, connaissant d'une part le but à accomplir et d'autre part les valeurs retournées par les différents capteurs. Il s'agit de déterminer les liens existants entre la perception et l'action connaissant les buts à atteindre.

Le succès des applications de la logique floue dépend principalement de leur qualité, comme c'est le cas pour les autres techniques. Une bonne qualité est obtenue par une répartition correcte des valeurs d'entrée et de sortie, associée à des règles adéquates pour déterminer la relation juste entre les états d'entrée et les états de sortie. Lors de la répartition des valeurs mesurées en ensembles flous, le chevauchement de deux groupes consécutifs est très important pour le fonctionnement du processus. Plus le recouvrement est important, plus le fonctionnement est progressif. Il est donc conseillé de travailler avec un chevauchement raisonnable. Trois méthodes traditionnelles sont disponibles : l'interrogation des experts, l'exécution d'une analyse logique du processus à administrer et les essais jusqu'à ce que cela fonctionne. La description de la logique floue met souvent l'accent sur l'interrogation des experts, qui dans ce cas sont les gens ayant administré le processus jusqu'à présent. Cette activité présente de grandes similitudes avec l'analyse exécutée avant la rédaction d'un programme d'ordinateur. Elle repose sur le contact avec les hommes et demande un certain discernement psychologique. En effet il est toujours difficile d'exprimer ce qu'on veut dire, mais il semble encore plus difficile de comprendre ce que dit quelqu'un d'autre. Des remarques annexes qui ne semblaient pas pertinentes pendant l'entretien se révèlent parfois riches d'informations importantes. Pour perdre aussi peu d'informations que possible, il vaut mieux reporter l'interprétation à plus tard et ne pas transposer immédiatement l'information en ensembles flous.

On ne dispose pas dans tous les cas, d'experts qui ont une expérience suffisante du processus à commander. Il faudra toujours une analyse logique des connaissances disponibles. La méthode est encore loin d'être définie, elle fait toujours l'objet de recherches.

On peut avancer deux directives sûres pour la définition d'une commande en logique floue: travailler avec aussi peu de règles que possible et diviser le domaine des variables en aussi peu d'ensembles flous que possible. Cela permet de maintenir à un minimum la puissance de calcul et le temps nécessaires.

Rédiger la description du pilotage d'un processus suppose que nous sachions d'abord de quelles informations nous disposons: (*Quelles variables d'entrée sont disponibles ? Quelles variables de sorties sont présentes ? Quelles observations sont faites (la valeur mesurée, sa variation dans le temps, l'écart par rapport à une valeur de consigne, la valeur de commande actuelle ?) Quelle est la relation globale entre les entrées et les sorties ?).* Il est important de bien connaître les états dans lesquels peut se trouver le processus, et d'entreprendre alors l'action adéquate.

La description sera constituée de règles et de répartitions de valeurs, qui suppose une étude et une certaine expérience du processus

La commande par logique floue est un avantage pour bon nombre de raisons, elle ne doit pas être négligée.

Les méthodes de commande floue ont d'abord été développées selon une approche basée sur l'expertise, initialement proposée par Mamdani. Dans cette démarche, l'expertise sur le système à commander est strictement exploitée pour écrire/modéliser le contrôleur flou sous la forme d'une base de règles. Nous pouvons souligner la limitation de cette approche pour les problèmes de commande complexes telles l'explosion du nombre de règles dans une base de données complète, la difficulté d'exprimer l'expertise, notamment à cause de la complexité introduite par le couplage dans les problèmes multivariables. D'où la nécessité de développer des méthodes systématiques de modélisation floue à partir de données. Des modèles permettant de développer des méthodes de synthèse « basée/modèle » rejoignant ainsi les démarches classiques de l'automatique.

Après cette introduction, le travail est organisé comme suit :

- Dans le chapitre 1 : Nous présentons des généralités sur la robotique, les différentes architectures de contrôle, quelques méthodes de navigation des robots en présence d'obstacle.

- Le chapitre 2 : Présente globalement la modélisation géométrique directe et inverse, cinématique et dynamique du bras manipulateur 2R-plan. La modélisation d'un robot de type chaise roulante à roues arrières motrices et roues avant folles, et d'un robot à roue directrice.

- Le chapitre 3 : Introduit l'état de l'art de la logique floue et expose à la fin une méthode de planification de mouvement d'un robot en présence d'obstacle. Cette approche est basée sur l'ajustement des paramètres des fonctions d'appartenances des entrées/sorite du contrôleur de type Takagi-Sugeno par l'emploi de la méthode du gradient.

- Dans le chapitre 4, on aborde les notions de base des algorithmes génétiques, où on emploi la méthode de Wang-Mendel pour générer une base de règles floues à partir des paires de données entrées/sortie et déterminer une commande adéquate pour le contrôle d'un robot mobile à roue directrice en présence d'obstacle. Nous avons souligné la limitation de cette approche d'où la nécessité d'ajuster les paramètres du contrôleur utilisé, on s'est retourné vers une approche d'optimisation génétique.

- La conclusion donne un aperçu sur les travaux réalisés, discutions sur les résultats et les perspectives.

CHAPITRE I

I.1 Introduction

Dans les entreprises manufacturières, des tâches pénibles, répétitives réalisées par des opérateurs humains peuvent être avantageusement confiées à des systèmes mécaniques articulés dont la dextérité est, sans égaler celle de l'homme, suffisamment proche de celui-ci pour exécuter des mouvements complexes à l'image de ceux d'un bras humain. Certaines opérations reposent sur l'utilisation des bras articulés. Ces derniers sont des exemples typiques des systèmes soumis uniquement à des contraintes géométriques, les contraintes sur les mouvements viennent de l'évitement des obstacles et des butées articulaires qui limitent les mouvements des bras. Il s'agit de contraintes purement géométriques puisqu'elles ne portent que sur les configurations des systèmes, et non sur leurs dérivées. Des bras articulés sont utilisés pour des tâches répétitives ou pénibles pour un opérateur humain. C'est le cas dans l'industrie automobile par exemple. La planification de chemins des robots y est un problème réel. Ces bras robotisés sont programmés une fois pour toutes, ils répètent la même opération des milliers de fois. L'emploi de ces dispositifs s'avère d'ailleurs nécessaire. La situation est différente dans le cas de milieux hostiles à l'homme par exemple sous-marin, nucléaire ou spatial, l'intervention en milieux contaminés, ceux-ci peuvent servir à déplacer des éléments et à fixer des pièces à l'aide d'outillages. Ils peuvent aussi servir à effectuer des opérations d'usinage, de soudage ou de contrôle non destructif, etc. Ils sont alors dotés d'un dispositif de locomotion et peuvent être autonomes ou contrôlés à distance par un opérateur humain.

I.2 La robotique mobile autonome

Les travaux en robotique ont pour but de concevoir et de construire des machines capables d'évoluer et d'interagir avec un environnement physique de manière à accomplir les différentes tâches pour lesquelles elles ont été créées.

Un robot évoluant dans un environnement réel est confronté à de multiples problèmes. Citons :

1. Le monde est vaste et dynamique. Un robot est susceptible d'évoluer dans un environnement vaste non contrôlé (présence d'obstacles). Cela signifie que les objets peuvent se déplacer, apparaître ou disparaître. L'ensemble des situations ne peut pas être prévu par avance. Le robot devra être muni de capteurs lui permettant d'acquérir des informations sur son environnement proche (caméras vidéo, télémètres ultrasonique ou infrarouge, etc.)
2. Le robot a une connaissance imparfaite de son propre fonctionnement. Un système automatique est un système complexe pour lequel il n'existe en général pas de modèle fiable. Le comportement du robot est décrit la plupart du temps par un système d'équations différentielles non linéaires (contrainte non holonome), dont les paramètres varient en fonction par exemple, du type de sol sur lequel le robot se déplace, de même, les capteurs ultrasons réagissent différemment en fonction des paramètres tels que l'humidité de l'air, la température, la forme des objets rencontrés et surtout leur constitution est susceptible de se modifier avec le temps (décalibration des capteurs due à des variations).

Un robot est donc un système mécanique, électronique et informatique comportant entre autre :

1. Des effecteurs (moteurs),
2. Des capteurs (télémètres, etc.).

L'adjonction de la faculté de vision aux robots, permet d'améliorer de manière significative leurs performances et permet le développement d'applications nouvelles. En effet, les tâches que doivent réaliser les robots peuvent toujours se ramener à des interactions précises avec leur environnement. Par exemple, lorsqu'il s'agit d'un bras manipulateur, le robot interagit avec une pièce et doit réaliser des mouvements précis par rapport à celle-ci. S'il s'agit d'un robot mobile, ce dernier doit se déplacer selon une trajectoire précise par rapport à son environnement. En l'absence de capteur donnant une mesure directe de la position par rapport aux objets environnants, le robot est aveugle. Dans une telle situation, qui concerne d'ailleurs la majorité des robots, seule une tâche apprise au préalable et répétée dans un environnement connu et invariant peut être envisagée. La position relative par rapport à l'environnement est alors estimée de manière indirecte en fonction d'une mesure des mouvements du robot. Ainsi, une légère modification de la configuration des objets sur le déroulement de la tâche à accomplir. Par exemple, s'il s'agit de réaliser un travail de soudure au dixième de millimètre près et que l'objet à souder est décalé de un millimètre par rapport à la référence, tous les points de soudure seront décalés de cette même distance.

Divers capteurs peuvent être utilisés afin de permettre aux systèmes robotiques de pouvoir appréhender l'environnement. Les plus couramment utilisés sont les capteurs à ultrasons, les télémètres laser, les capteurs d'effort et les caméras. Le capteur à ultrasons a l'avantage de pouvoir être utilisé dans un environnement où la visibilité est faible mais il fournit une information relativement imprécise. Il est souvent utilisé dans des applications de robotique mobile en association avec d'autres capteurs. Le télémètre laser donne quant à lui une image très précise de l'environnement, mais il nécessite un balayage de l'espace, ce qui est très coûteux en temps. Il est souvent utilisé en extérieur dans des environnements totalement inconnus et difficilement modélisables où il permet de reconstruire la géométrie du terrain même si ce dernier est très peu marqué. Le capteur d'effort fournit également au robot un moyen d'appréhender un peu mieux son environnement. Il est souvent utilisé pour des applications de montage, et plus particulièrement pour des tâches d'insertion. Il permet d'avoir une information sur les forces et les couples d'interaction entre le robot (ou une pièce qui est dans la pence) et son environnement. Ces trois capteurs ont la particularité de réaliser une mesure active sur l'environnement, c'est-à-dire qu'ils fournissent eux-mêmes l'énergie pour la grandeur à mesurer. Une caméra exerce quant à elle une mesure passive, sans interaction avec l'environnement. C'est le capteur visuel dont les caractéristiques se rapprochent le plus de l'œil humain. Elle permet d'obtenir, en une seule acquisition, une image de l'environnement situé dans son champ de vision. Sur ce point, elle est donc plus rapide que le télémètre laser. Mais, tout comme ce dernier, la caméra est également un capteur précis. La caméra est souvent montée sur l'organe terminal du robot. Mais il arrive qu'elle soit utilisée pour visualiser le robot et son environnement.

L'un des buts majeurs de la robotique réside en la création de robots autonomes. Un robot est une machine agissant physiquement sur son environnement en vue d'atteindre un objectif qui lui a été assigné. Cette machine est polyvalente et capable de s'adapter à certaines variations de ses conditions de fonctionnement. Un robot est doté de fonctions de perception, de décision et d'action. Le robot réalise donc de façon continue la boucle

(Perception Décision Action), il possède des capacités de mouvement propres et peut entrer en interaction avec des objets de son environnement. Il a, en outre, la faculté de coopérer à divers degrés avec l'homme.

En robotique, la navigation est définie comme une tâche qui consiste, pour le robot, à atteindre un point but dans l'environnement. Le contexte de réalisation de la tâche va conditionner les moyens nécessaires à mettre en œuvre pour permettre au robot de naviguer.

Parmi toutes les fonctions requises par un système robotique pour atteindre cet objectif, certaines sont primordiales [Cha.95] :

I.3 Perception et modélisation de l'environnement

Le robot doit être muni d'un système de perception capable de fournir des informations précises sur l'état de l'environnement qui l'entoure, afin de pouvoir identifier et regrouper des éléments utiles pour une représentation fiable et consistante de cet environnement.

I.3.1 Localisation : Le succès dans l'exécution d'une tâche associée à un déplacement est directement lié à la capacité des robots de se positionner par rapport à son environnement. Cette localisation doit être la plus précise possible, et dépend de la fiabilité de la représentation de l'environnement construite par le système de perception du robot.

I.3.2 Planification et exécution de mouvements : Le robot doit être capable de se déplacer de façon sûre à travers l'espace libre de l'environnement, en tenant compte de la présence d'éventuels obstacles statiques et dynamiques. Le problème de déplacement du robot dans l'environnement rencontre les mêmes difficultés que la localisation et la modélisation liées à la présence d'incertitudes qui font que le déplacement commandé ne sera pas de manière générale exécuté parfaitement.

Ces fonctions ne sont pas indépendantes. On note, bien évidemment, que la perception de l'environnement intervient dans toutes. La planification de mouvement s'intéresse au calcul automatique de chemins sans collision pour un robot quelconque (robot mobile, bras manipulateur, etc.) évoluant dans un environnement encombrés d'obstacles.

Parmi l'ensemble des robots existants, nous nous intéressons au cours de cette étude à une famille appelée robots autonomes.

Un robot est dit autonome si, moyennant une spécification externe de haut niveau de la tâche à accomplir, il est capable de la mener à bien sans intervention humaine. Le développement d'un robot autonome pose de nombreux problèmes fondamentaux dans des domaines variés et bien distincts.

Le problème posé est de déterminer à chaque instant quelle commande doit être envoyée aux effecteurs, connaissant d'une part le but à accomplir et d'autre part les valeurs retournées par les différents capteurs. Il s'agit de déterminer les liens existants entre la perception et l'action connaissant les buts à atteindre.

Nous nous intéressons plus particulièrement au cours de cette étude au choix des actions permettant au robot d'atteindre un point de l'environnement spécifié par ses coordonnées, tout en évitant les différents obstacles présents.

Historiquement les premières études ont été basées sur le cycle classique en intelligence artificielle : *perçoit, pense, agit*.

La décomposition du problème a été à l'origine de nombreux travaux. La présence de multiples modules attachés chacun à la résolution d'un sous problème nécessite la mise en place d'une organisation permettant la construction d'un système complexe à partir de ces briques élémentaires. Cette organisation est appelée architecture de contrôle.

I.4 Les architectures de contrôle

Un robot est un système complexe qui doit satisfaire à des exigences variées et parfois contradictoires. Un exemple typique pour un robot mobile est l'arbitrage qui doit être fait entre l'exécution la plus précise possible d'un plan préétabli pour atteindre un but et la prise en compte d'éléments imprévus, tels que les obstacles mobiles. Ces arbitrages, que ce soit au niveau de l'utilisation des capteurs, des effecteurs ou des ressources de calcul, sont réglés par un ensemble logiciel appelé architecture de contrôle du robot. Cette architecture permet donc d'organiser les relations entre les trois grandes fonctions qui sont la perception, la décision et l'action.

Chaque robot a une architecture bien précise, ces architectures peuvent néanmoins être classées en trois grandes catégories que nous détaillerons par la suite : les contrôleurs hiérarchiques, les contrôleurs réactifs et les contrôleurs hybrides. Par contre, toutes ces architectures ne diffèrent pas forcement par les méthodes élémentaires employées mais plutôt par leur agencement et leurs relations.

De nombreuses architectures de contrôle proposées ont fait l'objet de plusieurs classifications. Il faut noter que dans le cadre de problèmes complexes, le mécanisme de contrôle d'un robot est défini par son architecture qui spécifie comment la génération d'actions est organisée à partir des perceptions sensorielles. De plus, bien que les informations sensorielles soient volumineuses et bruitées, le robot doit réagir rapidement dans certaines situations. Il est donc indispensable de mettre au point une architecture performante qui permette de remplir la tâche dévolue au robot en utilisant le matériel à disposition. Les architectures utilisées sont hiérarchiques dont nous allons exposer les principales caractéristiques.

I.4.1 Architectures hiérarchiques de contrôle

Ces architectures ayant pour but de contrôler un système évoluant dans un environnement réel et dynamique, les contraintes de temps de réponse apparaissent clairement dans la perception de la plupart. Ces architectures fonctionnent selon un cycle rigide de modélisation de l'environnement, planifications des actions au sein de cette représentation, puis exécution du plan. Cette classification reprend celle proposée par [Sch.92]. L'essentiel des problèmes de ces architectures provient de l'utilisation d'un modèle interne central qui est le seul pris en compte pour guider le robot. Il faut noter que les systèmes réels ne sont bien souvent pas basés sur une seule catégorie de hiérarchique mais font appel à plusieurs d'entre elles de manière à exploiter les avantages respectifs.

De plus, ces architectures permettent peu de contrôle sur l'exécution des actions. En effet, une fois l'action choisie, elle est exécutée en supposant le modèle du monde correct et il n'y a pas de retour direct de la perception sur l'exécution de l'action. Les écarts modèles/environnement ne peuvent être pris en compte que via un nouveau cycle perception/modélisation/planification, ce qui, par définition, est très peu réactif et conduit rapidement à de graves problèmes.

La fréquence d'exécution des modules décroît au fur est à mesure que l'on monte dans la hiérarchie. Traditionnellement, le niveau le plus bas (et donc le plus rapide) est chargé du contrôle des moteurs. Le niveau le plus haut (le plus lent) est chargé de la planification. Afin d'éviter tout problème d'instabilité, la différence de fréquence entre chaque niveau doit être importante.

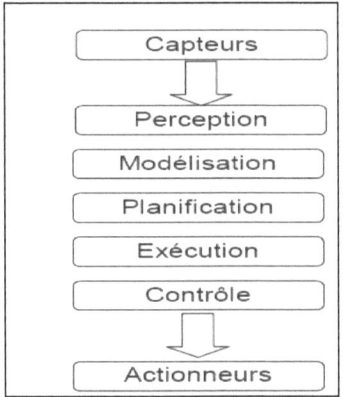

Figure I.1 : Architecture traditionnelle de décomposition du programme de contrôle du robot en différents modules de fonctionnement

I.4.2 Contrôleurs réactifs

Rodney Brooks a proposé une solution radicale à tous ces problèmes sous la forme d'une *architecture réactive*. Dans cette architecture, un ensemble de comportements réactifs, fonctionnant en parallèle, contrôle le robot sans utiliser de modèle du monde. Cette architecture supprime évidemment les problèmes dus aux différences entre la réalité, d'une part, et le modèle de l'environnement du robot, d'autre part, mais limite clairement les tâches que peut effectuer le robot. En effet, sans représentation interne de l'état de l'environnement, il est très difficile de planifier une suite d'actions en fonction d'un but à atteindre. Les robots utilisant cette architecture sont donc en général efficaces pour la tâche précise pour laquelle ils ont été conçus, dans l'environnement pour lequel ils ont été prévus, mais sont souvent difficiles à adapter à une tâche différente.

Les réussites de ces architectures sont liées au couplage direct entre la perception et l'action qui permet une prise en compte très rapide des phénomènes dynamiques de l'environnement. Et donc une bonne robustesse dans des environnements complexes.

Ces architectures sont en général basées sur plusieurs comportements : évitement d'obstacles, déplacement aléatoire, déplacement vers un but, fuite d'un point. Pour guider le robot, il faut donc choisir à chaque instant lequel de ces comportements activer. Ce problème est connu dans la littérature scientifique sous le nom de *sélection de l'action*. La solution proposée par Brooks, l'*architecture de subsomption* est devenue classique et utilise une hiérarchie des comportements qui se déclenchent donc selon un ordre de priorité en fonction des perceptions du robot.

En 1986, Rodney A. Brooks propose une approche différente. Cette architecture, appelée *subsomption*, consiste à paralléliser les tâches. La figure (I.2) décrit les différentes couches comportementales d'un agent.

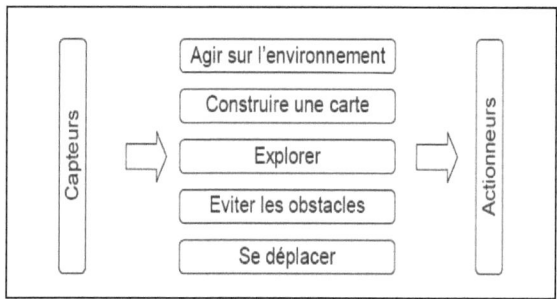

Figure I.2 : Décomposition basée sur le comportement d'accomplissement de tâches

Chacune de ces couches relie les capteurs aux actionneurs et permet un comportement particulier ou une compétence spécifique, comme la locomotion, l'évitement d'obstacles ou la saisie d'objets. Ce type d'architecture permet notamment la décomposition d'une tâche complexe en plusieurs comportements réactifs. Ce type d'approche vise aussi à accroître la fiabilité du système.

Dans l'architecture traditionnelle, si une panne survient sur l'un des modules, alors la panne se généralise à l'ensemble du système, chaque module étant essentiel au fonctionnement de l'ensemble.

Dans l'architecture proposée par Rodney A. Brooks, même après la perte d'un module, le système peut continuer à fonctionner en mode dégradé, en inhibant ce module par exemple.

I.4.3 Architecture de forçage / inhibition

La figure (I.3) représente un module d'une telle architecture. Ses entrées peuvent être forcées pendant une certaine durée, de même les sorties peuvent être inhibées pendant un laps de temps. Des comportements plus complexes peuvent ainsi être construits en imbriquant les modules de base. La structure globale permettra d'inhiber les comportements non prioritaires et de forcer les fonctions vitales. Par exemple le signal d'entrée du module dédié à la locomotion peut être forcé pour le remplacer par un signal d'évitement d'obstacle afin d'empêcher une collision.

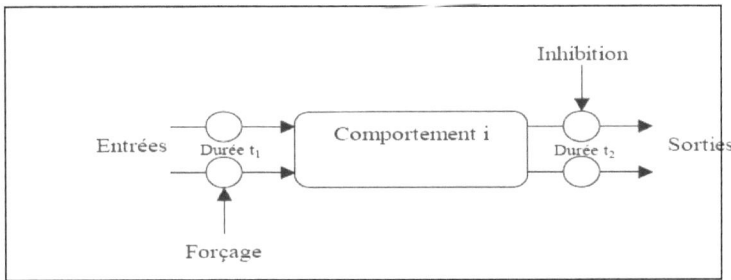

Figure I.3 : Un module d'architecture forçage / inhibition

I.5 Contrôleurs hybrides

La plupart des contrôleurs actuellement utilisés choisissent une solution intermédiaire entre ces deux approches sous la forme d'une *architecture hybride*. Cette architecture se compose de deux niveaux. Le premier est chargé des tâches de navigation de haut niveau, telles que la localisation, la cartographie et la planification. Pour cela, il s'appuie sur un second niveau réactif qui est chargé d'exécuter les commandes avec le plus de précision possible et de gérer les éléments non modélisés de l'environnement tels que les obstacles inconnus ou dynamiques. L'action conjointe de ces deux niveaux permet de réagir rapidement face aux variations imprévues de l'environnement, tout en permettant la réalisation d'actions planifiées à plus long terme. Le bas niveau de ces architectures peut être réalisé sous forme de comportements, tels que ceux utilisés dans les architectures réactives. Ces comportements sont des boucles sensorimotrices qui relient les actions aux perceptions avec une phase de décision très courte, qui assurent la réactivité. Dans le même temps, les informations sensorielles sont utilisées par le haut niveau dans une boucle sensorimotrice à une échelle de temps beaucoup plus longue. C'est la mise en parallèles de ces deux échelles de temps qui fait la force de ces architectures.

I.6 Complexité de la planification de mouvement

Dans cette partie nous abordons le problème de la complexité de la planification de mouvement.

Premièrement nous donnons les notions de base de la complexité algorithmique, puis nous analysons la complexité du problème de planification de mouvement.

I.6.1 Notion de complexité

Un problème est dit décidable s'il existe une méthode algorithmique qui lui donne une solution en un temps fini. Une telle méthode est alors dite complète pour ce problème. Pour évaluer la complexité d'un algorithme on étudie son comportement en termes de temps d'exécution et d'espace mémoire nécessaires, en fonction de la taille du problème. Cette taille est un nombre M qui caractérise la quantité et la complexité des données d'entrée du problème.

I.6.2 Complexité du problème de planification de mouvement

La complexité algorithmique de la planification de mouvement a surtout été étudiée pour le problème du déménageur de piano. Il a été prouvé par Schwartz et Sharir que le problème général de la planification de mouvements en présence de contraintes géométriques est décidable pour un système mobile quelconque et qu'il est résolvable pour un système donné en temps polynomial en le nombre d'inégalités algébriques définissant l'espace libre. Malheureusement le degré du polynôme montre une dépendance doublement exponentielle en la dimension de l'espace de configuration *(Cs)*.

I.7 Navigation

Les premières études en robotique se sont appuyées sur une approche du problème fondée sur les acquis de l'intelligence artificielle. Le cycle classique peut se résumer par *(percevoir, penser, agir)*. Un premier système, généralement de type symbolique, gère les objectifs du robot et détermine un ensemble de buts géométriques devant être atteints (partie pense du cycle). Les données provenant des différents capteurs sont filtrées, fusionnées et intégrées dans un modèle de l'environnement (partie perçoit). Un chemin est ensuite extrait de ce modèle grâce à un planificateur géométrique (partie pense de nouveau). Ce chemin est finalement traduit en actions de déplacement (partie agit). Le robot est contrôlé par une série de planificateurs.

Nous considérerons dans cette partie le problème de la planification de chemins (différent de la planification de trajectoires). Historiquement, la planification de chemins correspond aux premiers travaux de recherche effectués dans le domaine de la planification de mouvement et se limite à l'aspect géométrique du problème. La planification de trajectoire, quant à elle, introduit la dimension temporelle et permet de prendre en compte des obstacles mobiles ainsi que des contraintes de nature dynamique auxquelles peut être soumis le robot (force, vitesse, accélération).

Avant de poursuivre, nous revenons sur l'espace des configurations. Le principe de l'espace des configurations est de formuler le problème de planification des chemins dans un nouvel espace où le robot est représenté sous forme d'un point. Cet espace est créé en associant à chacun des axes un des paramètres permettant d'identifier de manière unique la situation du robot (par exemple, position (x, y) et orientation (θ) dans le cas d'un robot mobile).

Le choix d'une méthode de planification de chemins est guidé par deux questions :
1. Quel type d'espace utilisé : l'espace de travail ou l'espace de configuration ?
2. Quel type de méthodes : Des méthodes exactes ou des méthodes approchées ?

Les méthodes exactes sont basées sur une exploitation complète de la description de l'environnement. Par opposition, les méthodes approchées réalisent tout d'abord une discrétisation de l'environnement sous forme de grilles régulières ou irrégulières (quadtrees). L'espace libre ainsi représenté est un sous ensemble de l'espace libre réel. Alors que les méthodes exactes sont susceptibles d'être complètes (si un chemin existe, alors la méthode le trouve), les méthodes approchées ne le sont jamais.

Les principales approches existantes peuvent être classées en trois grandes catégories :
- Les méthodes de type squelette. Le principe consiste à représenter la connectivité de l'espace libre dans un réseau unidimensionnel de courbes appelées squelettes. Les

différentes méthodes se distinguent par le type de squelettes utilisés (graphe de visibilité, diagramme de Voronoï, ...).
- La décomposition en cellules. Cette approche est parmi celles les plus étudiées. Il s'agit de décomposer l'environnement du robot en régions élémentaires (appelées cellules) de telle sorte qu'un chemin entre deux configuration d'une même région soit trivial à générer (en imposant par exemple la propriété de connexité). Le chemin est alors une simple ligne droite joignant les deux points. On construit et on parcourt ensuite le graphe représentant la relation d'adjacence entre les cellules.
- Les méthodes de potentiels. Le robot, représenté par un point dans l'espace des configurations, est considéré comme une particule se déplaçant sous l'influence d'un champ de potentiels artificiels crée par la configuration du but et des obstacles. Ces méthodes furent développées à l'origine pour l'évitement en ligne d'obstacles par un bras de robot découvrant son environnement au fur et à mesure [Kat.93]. L'avantage principal des méthodes de type potentiel est leur rapidité de calcul permettant de les utiliser en ligne. L'inconvénient principal est que le champ est susceptible de contenir des minima locaux. C'est pour essayer de palier ce problème que les méthodes de potentiels ont évolué vers des méthodes globales grâce à l'utilisation de la connaissance à priori de la totalité de l'environnement. On peut citer dans ce domaine les travaux de [Bar.89], de [Kod.87].
- Le problème de la navigation peut donc être décomposé en plusieurs tâches, comme par exemple : la planification de trajectoires, l'évitement d'obstacles, etc.

La richesse de l'information visuelle rend possible une interprétation contextuelle; par exemple, dans des environnements humains, la plupart des informations exploitées par l'homme lors de ces déplacements est visuelle; une interprétation contextuelle du contenu des images, fondée sur des modèles d'entités susceptibles d'être reconnues, est indispensable à l'heure de naviguer dans ces environnements.

Il existe deux grandes classes d'applications:

1. la navigation en milieu intérieur,
2. la navigation en milieu extérieur.

I.7.1 Navigation en milieu intérieur

La navigation en milieu intérieur concerne principalement des environnements humains hautement structurés, tel que des bâtiments publics ou des ateliers.

Afin de naviguer dans ces environnements, le robot doit, soit construire son propre modèle du monde, soit l'acquérir par une autre méthode. En plus, il existe plusieurs possibilités pour les représentations utilisées dans ce modèle du monde, parmi lesquelles on peut citer :

- Une représentation purement géométrique, généralement éparse (par exemple, un ensemble de segments laser),
- Une représentation discrète de type carte d'occupation, pour décrire l'espace libre dans chaque pièce et,
- Une représentation topologique qui décrit les connexions entre couloirs et pièces.

a) Navigation métrique

La navigation métrique exploite une représentation géométrique du monde, qui peut être donné par un utilisateur, ou construite par le robot lui-même, par différentes méthodes traitant du problème du SLAM *Simultaneous Localization and Mapping*.

Ce modèle géométrique est complété par une représentation de l'espace libre, sous la forme d'un ensemble de polygones ou d'une carte discrète (*bitmap*). Avec un tel modèle, il est relativement facile d'appliquer des algorithmes pour générer une trajectoire qui conduise le robot dans l'espace de ses configurations, de ($X1$, $\theta1$) qui est sa situation courante, à ($X2$, $\theta2$) qui est le but.

b) Navigation avec une carte topologique

Un des problèmes avec l'approche métrique est la grande quantité de données nécessaires pour mémoriser le modèle du monde, et la complexité de la procédure permettant de comparer et corriger les informations acquises depuis tous les capteurs montés sur le robot.

Une manière plus qualitative de représenter le monde dans lequel notre robot va évoluer, semble être une bonne alternative. La représentation qualitative la plus communément utilisée, est appelée *carte topologique*; c'est un graphe, dans lequel chaque noeud correspond à un endroit caractéristique (carrefour entre couloirs, entrées dans les espaces ouverts ...). Chaque lieu devra être décrit par un ensemble de caractéristiques propres, qui permettront au robot de le reconnaître. Une arête liant deux noeuds signifie qu'il existe une commande référencée capteur que le robot peut exécuter afin de se déplacer entre les deux lieux correspondants. Cette représentation est particulièrement adaptée pour décrire des réseaux de couloirs : les lieux correspondent aux carrefours, les arêtes aux couloirs qui les lient.

Pour la génération d'une trajectoire entre deux lieux définis dans une carte topologique, il suffit de rechercher un chemin dans le graphe. Les consignes pour naviguer seront des commandes référencées capteur, par exemple *Suivre le couloir*, *Tourner à gauche*, *Franchir la porte* ... Pour chaque consigne, il existe des caractéristiques précises de l'environnement à suivre (plinthes, arête d'un mur, bords de la porte...); un module de suivi de primitives visuelles, sera donc requis. Dans le cas de la navigation topologique, le robot n'a nul besoin de connaître sa position précise par rapport à un repère du monde. Il doit seulement déterminer une localisation qualitative et, au mieux, une estimation de sa position relative par rapport à un repère lié au lieu dans lequel il se trouve.

Essentiellement, c'est à partir de correspondance entre images que les lieux sont identifiés, par des *méthodes d'indexation*. Plusieurs approches qui utilisent les images directement pour calculer la position du robot, utilisent des caméras.

Afin de gérer plusieurs hypothèses sur la possible position du robot, une approche classique, la *localisation markovienne*, consiste en l'accumulation d'évidence afin d'avoir une probabilité d'être en chaque lieu. Cette approche permet aussi d'intégrer aisément les caractéristiques trouvées par d'autres capteurs que la vision, et donc il est possible de comparer et/ou corriger la position du robot en exploitant toutes les caractéristiques acquises depuis un système multi sensoriel.

I.7.2 Navigation en extérieur

La différence principale entre la navigation en extérieur et celle en intérieur, est que les conditions d'illumination sont non contrôlables ; quelques fois elles ne sont pas même prédictibles. Généralement les environnements d'extérieur sont plus riches en informations (couleur, textures), mais aussi plus complexes. La simplification qui consiste à exprimer le modèle du monde et la situation du robot en 2D, n'est plus possible ; le modèle doit être 3D, même si le plan du sol qui porte le véhicule (dans le cas de voitures, ou de robots mobiles à 4 roues) aura un rôle spécifique. Pour faire face à cette plus grande complexité de l'environnement, il faut adopter des capteurs qui en donnent une description la plus riche possible : la vision s'impose généralement dans ce contexte. Dans les travaux sur les véhicules intelligents, elle est généralement associée à un capteur télémétrique (radar, laser) pour la détection des obstacles lointains : se pose alors le problème de la *fusion multi sensorielle*.

Il existe plusieurs travaux pour la navigation en environnement extérieur, travaux assez différents les uns des autres du fait de la variabilité de ces environnements. Cela va de la navigation de voitures sur route ou en milieu urbain, jusqu'à la navigation d'un robot d'exploration planétaire. Dans le premier cas, il s'agit essentiellement de garantir que le véhicule reste sur une route, ou sur une voie de circulation, qu'il reste à distance réglementaire du véhicule précédent et qu'il détecte tout autre objet sur la route. Les scènes à traiter sont dynamiques (trafic routier) et l'environnement semi structuré (marquages sur la chaussée). Dans ce contexte, le suivi visuel concerne :

- Soit le bord de la chaussée, pour un contrôle automatique du véhicule.
- Soit les autres objets présents sur la route (autre véhicule, piétons…), pour évaluer trajectoires (ou pistes) de ces objets et estimer leur dynamique.

I.8 Méthodes de suivi

Plusieurs classifications des méthodes de suivi visuel d'objets ont été proposées dans la littérature ; elles dépendent autant des auteurs, que du but pour lequel ces méthodes ont été conçues. Les méthodes de suivi visuel peuvent être divisées en quatre classes:

- Méthodes de suivi fondées sur des modèles. Ces méthodes repèrent des caractéristiques connues dans la scène et les utilisent pour mettre à jour la position de l'objet. Parmi ces méthodes, citons celles qui exploitent les modèles géométriques fixes, et les modèles déformables.

- Méthodes de suivi de régions ou *blobs*. Cette sorte de méthodes se caractérise par la définition des objets d'intérêt comme ceux qui sont extraits de la scène en utilisant des méthodes de segmentation. Citons les nombreuses méthodes qui détectent une cible à partir de son mouvement sur un fond statique ou quasiment statique.

- Méthodes de suivi à partir de mesures de vitesse. Ces méthodes peuvent suivre les objets en exploitant les mesures de leur vitesse dans l'image, avec des mesures telles que le flux optique ou des équivalents.

- Méthodes de suivi de caractéristiques. Ces méthodes suivent certaines caractéristiques de l'objet, comme des points, des lignes, des contours ..., caractéristiques ou primitives image auxquelles il est possible aussi d'imposer de restrictions globales. Ces caractéristiques peuvent être aussi définies par la texture ou la couleur.

Cette classification n'est pas exhaustive, et à ce jour, il existe de nombreux recouvrements entre les classes, c'est-à-dire, des méthodes qui peuvent être classifiées dans deux classes ou plus, ces méthodes sont des combinaisons des approches existantes.

I.9 Les champs de potentiels

Les premières grandes approches de la navigation réactive sont classiquement regroupées sous l'appellation *approches à base de potentiels*. Le principe général est de réaliser l'association *action perception* à l'aide d'une fonction générant des commandes cherchant à minimiser un critère donné (*la fonction potentielle*). Nous nous intéressons dans un premier temps à l'approche originale proposée par *Khatib* dans le cadre du contrôle réactif d'un bras manipulateur. Elle a donnée lieu par la suite à d'autres approches ne visant plus cette fois à générer des commandes mais un chemin au milieu des obstacles. Bien que ces méthodes soient plus reliées à la planification qu'au contrôle d'exécution, nous les décrirons brièvement de part l'importance qu'elles ont eue et qu'elles ont encore dans le domaine de la robotique.

I.9.1 Génération de commandes par potentiels

Le principe général de la commande par potentiels a été formulé à l'origine par [*Khatib*] pour le contrôle d'un bras manipulateur. Plusieurs méthodes ont ensuite vu le jour afin d'essayer d'apporter une solution aux différents problème apparus.

a) Evitement en ligne d'obstacles imprévus

Le contrôle du robot est effectué par une force appliquée sur l'outil terminal qu'il s'agit de déterminer en fonction des contraintes mécaniques des systèmes et de l'environnement. Le lieu entre la force F et les différents couples moteurs à appliquer sur chacune des articulations de manière à produire F. Le problème est formulé dans l'espace opérationnel. Cet espace correspond à l'ensemble x des paramètres indépendants permettant de décrire la position et l'orientation de l'outil terminal du robot.

Le formalisme de Lagrange permet au travers de cette énergie de mettre en relation la force F avec le déplacement de l'outil :

$$\Lambda(x)\ddot{x} + \mu(x,\dot{x}) + P(x) = F \qquad \textbf{(I-1)}$$

Où Λ est la matrice d'inertie, $\mu(x,\dot{x})$ correspond à la force de Coriolis et $P(x)$ la force de gravité.

La relation (I.1) permet de calculer la commande F assurant au robot une trajectoire particulière. Aucune référence n'est faite aux obstacles ou à la position du but. Le principe de l'évitement en ligne d'obstacles est le suivant : une particule soumise à un champ attractif de la part d'un point G et à un ensemble de forces répulsives générées par des régions O de l'espace se déplacera vers G sans pénétrer dans O. Il s'agit donc de calculer la force F à appliquer à l'outil terminal de telle sorte qu'il se comporte de manière similaire à cette particule. Cette force F est obtenue grâce à l'équation I.1 en intégrant dans le calcul de l'énergie celle résultant des nouvelles forces virtuelles. L'énergie potentielle ne dépend plus que de la gravité mais également du potentiel U_{att} de la force attractive et de la somme des potentiels U^i_{rep} des forces répulsives associées à chaque obstacle i. Enfin, de manière à stabiliser son système autour du but, l'auteur propose également d'ajouter une force F_v de dissipation (équivalente à un frottement) fonction de la vitesse.

Le problème principal d'une telle approche réside dans l'existence de minima locaux. La résolution de ce problème peut être abordée de deux manières différentes :
- En construisant une fonction de potentiel dont le seul minimum soit le but à atteindre.
- En utilisant une fonction potentielle possédante des minima locaux mais en mettant en place un ensemble de mécanismes permettant au robot de les éviter ou de repartir s'il en est prisonnier.

b) Les fonctions de navigation

Une fonction de potentiel possédant comme seul minimum le but à atteindre est appelée une *fonction de navigation globale*. [Kod.87] a montré qu'une telle fonction n'existe pas en général. En particulier, si l'espace des configurations est de dimensions 2 et qu'il existe q obstacles disjoints homéomorphes au disque unité, une fonction de potentiel U possède au moins q points singuliers en forme de cols. La présence de tels points n'est en revanche pas un problème car ils représentent un point d'équilibre instable. Une petite perturbation suffit à faire basculer la particule d'un côté ou de l'autre. Une telle fonction de potentiel, que l'on peut expliciter dans ce monde sphérique particulier, est appelée *fonction de navigation*. Le problème maintenant est de pouvoir calculer cette fonction dans un environnement quelconque. [Kod.87] a montré que s'il existe un difféomorphisme permettant de transformer le monde sphérique en un environnement A, ce difféomorphisme peut également transformer la fonction de navigation du monde sphérique en une fonction de navigation de A. [Rim. et Kod.87] ont explicité un tel difféomorphisme dans le cas d'obstacles dans la forme est un convexe étoilé. L'utilisation d'une telle approche dans un cas général semble néanmoins délicate.

c) Les potentiels généralisés

L'approche proposée par [Kro. et Tho.97] ne nécessite pas l'utilisation d'une fonction de navigation, difficile à fournir dans un cas général. Elle se base surtout sur la constatation qu'un environnement simple est moins susceptible de produire des minima locaux qu'un environnement complexe. Le principe consiste à faciliter le travail du système réactif en lui décomposant le chemin total en un ensemble de sous buts proches à rejoindre. Ces sous buts sont calculés grâce à un planificateur global à partir d'un modèle de l'environnement. Ce modèle peut être incomplet, le rôle du système réactif étant bien entendu de gérer ces imperfections. L'originalité de l'approche de Krogh réside dans la fonction de potentiel choisie, appelée *potentiel généralisé*. Cette fonction, afin de prendre en compte la dynamique du système, dépend non seulement de la configuration du robot mais également de sa vitesse :

$$P(q,v) = P_q(\dot{q},v) + P_0(q,v)$$
$$u = \alpha \qquad \textbf{(I-2)}$$

u représente l'accélération commandée au robot et (α) l'accélération maximale pouvant être appliquée. $P_q(\dot{q},v)$ est le potentiel associé au but. Il correspond au temps minimum que le robot mettrait pour atteindre le but à partir de la configuration et de la vitesse courante si aucun obstacle n'était présent et si l'accélération utilisée était l'accélération limite. $P_0(q,v)$ est le potentiel associé aux obstacles. Seuls ceux situés dans la direction prise par le robot sont utilisés pour le calcul. Cela signifie que le robot ne sera pas perturbé par un obstacle proche parallèle à lui. $P_0(q,v)$ est défini comme l'inverse du temps de réserve avant collision $t_M \rightarrow t_m$ où t_m est le temps minimum dont le robot à besoin pour s'arrêter en utilisant la décélération maximum et t_M est le temps maximum dont il dispose en commençant à freiner maintenant de manière à s'arrêter juste avant l'obstacle. Plus la différence entre ces deux temps est faible, plus le freinage devient urgent et plus le potentiel devient élevé.

d) La méthode des schémas

La méthode des schémas a été proposée par [Ark.87-90] afin de permettre à un robot mobile d'effectuer des tâches complexes dans un environnement complexe. Le principe est de créer un ensemble de comportements qui sont autant de manières très spécialisés de percevoir une situation particulière et de réagir en conséquence. Cette réaction peut prendre la forme d'une commande envoyée aux effecteurs. Le point important est que la perception d'un schéma n'est pas générale mais est guidée par le rôle qu'il doit tenir. Les schémas de type *perception action* sont réalisés sous forme de fonctions de potentiels. Lorsque plusieurs schémas sont actifs simultanément, la commande finale est la somme des différentes commandes. Lorsque plusieurs schémas sont en conflit, la somme des commandes peut s'annuler provoquant ainsi une situation de minimum local. La solution proposée consiste alors en un échange de messages entre les différents protagonistes de manière à résoudre le problème.

Considérons par exemple que le robot suit une trajectoire prédéfinie. Un obstacle est présent sur le chemin. Le schéma d'évitement d'obstacles va s'activer et va s'arrêter en conflit avec le schéma de suivi de chemin toujours actif. Le robot va alors se bloquer dans un minimum local de la fonction potentiel totale, somme des deux autres. Après envoi d'un message, le chemin de suivi de chemin va temporairement se désactiver, modifiant ainsi la carte de potentiel total et permettant au robot de repartir.

Au lieu d'avoir une seule fonction de potentiel résolvant tous les problèmes simultanément. Arkin propose d'avoir recours à plusieurs fonctions spécialisées qu'il peut combiner créant ainsi un vaste ensemble de fonctions différentes. Cela lui donne un recours en cas de problèmes où il peut transformer sa fonction en influant sur les différentes composantes.

I.9.2 Génération de chemins par potentiels

Les approches à base de potentiels telles qu'elles ont été introduites à l'origine et telles que nous les avons présentées au cours de la section précédente, considèrent que le robot est une particule élémentaire se déplaçant dans l'espace des configurations sous l'action de forces provenant des obstacles et du but à atteindre. Pour chaque configuration q, la particule est soumise à une force $F(q)$ déterminant son accélération. Connaissant les équations dynamiques du robot, il est alors possible de déterminer le couple à appliquer à chacune de ces articulations pour que le comportement du point contrôlé soit effectivement identique à celui de la particule considérée.

Si l'on dispose par avance d'un modèle de l'environnement et des différents obstacles, il est possible de simuler le comportement de la particule afin de planifier un chemin libre permettant de rejoindre le but. On obtient ainsi une méthode de planification de chemin basée sur les potentiels. Il est très important de remarquer que la philosophie utilisée par ces planificateurs est identique à celle utilisée par les approches d'évitement en ligne d'obstacles. La différence fondamentale est que dans un cas, le résultat est un chemin qu'il convient ensuite de soumettre à un système de contrôle afin que le robot puisse le parcourir. Les méthodes de planification par potentiel sont des méthodes de haut niveau. Elles connaissent, de part leur facilité de mise en œuvre, un très grand succès en robotique.

a) Planification en profondeur

Dans l'approche *planification en profondeur*, un chemin est représenté sous forme d'un ensemble de segments de droite partant de la configuration initiale q_{init}. Soit q_i la configuration atteinte par le segment $i \leftrightarrow 1$. Le segment q_{i+1} du segment i est alors choisi de manière à ce que le segment $q_i q_{i+1}$ soit dans le sens de l'opposé du gradient de la fonction potentiel en q_i :

$$x(q_{i+1}) = x(q_i) \Leftrightarrow \delta_i \frac{\partial U}{\partial x}(x, y, \theta)$$
$$y(q_{i+1}) = y(q_i) \Leftrightarrow \delta_i \frac{\partial U}{\partial y}(x, y, \theta) \qquad \textbf{(I-3)}$$
$$\theta(q_{i+1}) = \theta(q_i) \Leftrightarrow \delta_i \frac{\partial U}{\partial \theta}(x, y, \theta)[2\pi]$$

Le chemin ainsi généré suit la pente la plus forte afin de diminuer la fonction potentiel de la configuration initiale jusqu'au but à atteindre. Dans le cas d'évitements simples, cette méthode permet de générer un chemin très rapidement. Dans le cadre d'évitements plus complexes, elle est susceptible d'être mise en échec par la présence de minima locaux.

b) Planification par le meilleur d'abord

La planification par le meilleur d'abord consiste à construire itérativement un arbre T des configurations visitées. Le chemin est ensuite extrait de cet arbre. A l'initialisation, l'arbre T contient la configuration initiale q_{init}. A chaque itération, l'algorithme examine les voisins de la feuille de T ayant la valeur de potentiel minimum. Ceux non visités sont ajoutés à l'arbre comme successeur de cette feuille. La construction se termine lorsque le but est atteint. Le chemin est alors extrait en remontant du but vers la racine.

c) Planification par fonction de navigation numérique

Cette approche a été proposée par [Bar et Lat.91]. Elle consiste tout d'abord à construire les différentes valeurs de la fonction de navigation sur l'espace des configurations puis exploiter cette fonction avec un algorithme de type planification par le meilleur d'abord par exemple. Afin de déterminer les différentes valeurs prisent par la fonction, l'espace des configurations est tout d'abord discrétisé sous forme de grille. A l'initialisation, la cellule contenant le but reçoit la valeur 0. Ces voisines directes faisant partie de l'espace libre et non encore affectées reçoivent la valeur 1. Les voisines de ces nouvelles cellules reçoivent ensuite la valeur 2 et ainsi de suite jusqu'à atteindre la position initiale du robot. La propagation de ces valeurs (correspondant pour chaque cellule à la distance la séparant du but) est réalisée par un algorithme de type *wavefront expansion*.

d) Utilisation de fonctions harmoniques

Connolly et Grupen [Con. Gru. 93-94] se sont intéressés à l'utilisation d'une nouvelle famille de fonctions de potentiel Φ vérifiant l'équation de Laplace :

$$\nabla^2 \Phi = \sum_{i=1}^{n} \frac{\partial^2 \Phi}{\partial x_i^2} = 0 \tag{I-4}$$

Le principe du planificateur est le suivant : l'espace des configurations est tout d'abord discrétisé par l'utilisation d'une grille. La valeur du potentiel Φ est ensuite fixée à une valeur faible pour le but à atteindre. Le potentiel en tout point vérifiant l'équation (I.4) est alors calculé grâce à la méthode itérative de Jacobi, remplaçant simultanément à chaque pas la valeur de toutes les cellules autres que le but et les obstacles par la moyenne de ses voisines directes.

e) Planification variationnelle

Cette approche de la planification n'est pas basée sur le suivi d'une particule cherchant à minimiser la valeur d'une fonction. Cette méthode nécessite la définition d'une fonctionnelle J associant un nombre à un chemin. Le principe de la planification est de déterminer le chemin τ minimisant J.

$$J(\tau) = \int_0^1 \left[U(\tau(s)) + \left\| \vec{d}\tau / dp \right\| \right] ds \tag{I-5}$$

Le premier terme a pour but de fournir un chemin évitant les forts potentiels et donc les obstacles. Le second permet de produire des chemins courts. La fonctionnelle J étant également minimisée par une approche de type descente de gradient, l'optimisation peut être bloquée par un minimum local ne correspondant pas à un chemin libre. L'avantage d'une telle approche réside néanmoins dans la possibilité de coder facilement grâce à J un ensemble de critères que l'on souhaite retrouver dans le chemin généré.

f) Planification par déformation d'un chemin

La dernière possibilité que nous indiquons dans cette section afin de contourner le problème du minimum local est la déformation de chemins existants telle qu'elle a été proposée par [War.98]. Le principe consiste à approcher le chemin que l'on cherche par un ensemble de segments de droite. A l'initialisation, le chemin relie le but à l'origine en traversant éventuellement un certain nombre d'obstacles. Le principe des potentiels ici est de chasser les points de l'intérieur vers l'extérieur des obstacles et de déformer en conséquence le chemin.

Toutes les méthodes précédemment décrites font appel à une modélisation de l'environnement et plus particulièrement des différents obstacles (sous formes de primitives géométriques telles que les ellipsoïdes dans le cas de [Kat.86]).

I.10 Motivation et problématique

Le travail présenté dans ce livre fait partie du domaine de la planification de mouvement en robotique. Les recherches en la matière sont très actives depuis les années 80.

On note W l'espace de configuration dans lequel évolue le robot considéré. En général on peut déterminer la position de tous les points du robot dans cet espace par un nombre restreint de paramètres (q_1, q_2, ... ,q_n). Le choix de ces paramètres définit un espace appelé espace de configurations noté CS. Issu de la mécanique, ce concept a été introduit dans le domaine de la planification de mouvement par Lozano-Pérez [Loz.83]

L'idée de base consiste à transformer la recherche d'un chemin pour un robot dans l'espace physique en la recherche d'un chemin pour un point dans cet espace particulier. En général, des contraintes d'ordre mécanique ou physique empêchent le robot de se trouver dans certaines régions de W. Ces régions définissent des régions interdites de *CS*, et dont l'ensemble les *CS-obstacles*. Le complémentaire des *CS-obstacles* définit un sous-espace de *CS* où le robot se trouve libre de collision. Cet espace est appelé l'espace libre, que l'on note CS_{libre}.

Un chemin γ pour un robot est une fonction continue :

$$\gamma : [0, 1] \rightarrow CS : t \rightarrow q = \gamma(t) \quad \textbf{(I-6)}$$

Ainsi, un chemin (γ) associe une configuration à chaque moment (*t*), décrivant le mouvement du robot. Si q_i et q_f correspondent respectivement aux configurations initiales et finales telles que :

$$q_i = \gamma(0) \text{ et } q_f = \gamma(1), \quad \textbf{(I-7)}$$

On dit que γ connecte q_i et q_f.

Si γ reste à l'intérieur de CS_{libre}, i.e. $\forall t \in [0,1]: \tau(t) \in CS_{libre}$, alors γ est appelé un chemin libre (ou sans collision).

Lorsqu'un chemin (γ) décrit un mouvement sans collision exécutable par un robot, on le qualifie de chemin faisable.

Le problème de planification de mouvement peut être alors formulé comme suit :

Etant donné un robot R se déplaçant dans un espace de travail W contenant des obstacles, une configuration initiale q_i et finale q_f, trouver un chemin reliant q_i à q_f qui évite le contact avec les obstacles, ou rapporter l'échec si aucun chemin n'existe.

Les robots concernés par ces travaux de recherche sont des robots de type bras manipulateur, robot mobile, et le problème traité est celui de la détermination automatique de mouvements. La planification automatique des mouvements constitue un problème réel et critique, qui nécessite des développements et éventuellement des recherches en ce domaine.

Pour résoudre ce problème on propose une méthode heuristique basée sur la logique floue. Dans un premier temps on suppose que le robot est soumis à une force attractive vers la cible et une force répulsive de l'obstacle. La première force elle est calculée directement à partir des positions du robot et de la cible, quant à la deuxième un raisonnement flou est appliqué pour la déterminer. Donc le robot est contrôlé par son orientation qui est égale à la résultante des deux forces. Mais le problème posé était comment choisir un contrôleur flou pour commander ce robot. Dans une commande basée sur des règles de connaissance comme la logique floue, on suppose qu'il existe, associée à la connaissance, une technique qui permet à l'homme de dominer le processus à commander. Les valeurs de mesure et de commande sont réparties en ensembles, les relations entre les valeurs sont contenues dans des règles de connaissance. Des conclusions sont tirées sur la base de raisonnements logiques valides. Il est temps maintenant de voir comment tout cela peut être utilisé sur le plan pratique. Appliquer une règle unique n'avance pas à grand-chose ; il nous faut donc voir comment tirer des conclusions logiques qui nous permettent de prendre logiquement des décisions concrètes et complexes. Il s'agira toujours d'un certain nombre de règles qui définiront des conclusions, lesquelles seront encore traitées pour conduire à une ou plusieurs conclusions évidentes. Chaque règle donne son propre résultat, que nous pouvons appeler le degré de vérité de cette règle. Les règles dont le résultat n'est utilisé que comme condition de règles suivantes. Chaque règle produit un résultat. Nous pouvons considérer que chaque règle donne un avis sur la valeur à attribuer au signal de commande. Le poids de chaque avis dépend du degré de vérité de la conclusion. Si toutes les conditions sont vraies à 0%, l'avis n'aura aucun poids. Si toutes les conditions sont vraies à 100%, l'avis aura le poids maximal. Il nous faut donc trouver un moyen d'évaluer le poids de tous ces avis. Nous sommes à nouveau face à une situation qui ressemble beaucoup à la pensée humaine. En effet, nous sommes souvent confrontés, pour la prise de décisions importantes, à des sources d'information différentes et à un certain nombre d'avis plus au moins contradictoires. La façon dont les valeurs de commande sont fixées en fonction des résultats de l'application des règles est importante. Les premiers essais pratiques de commande en logique floue réalisés par Mamdani appliquaient la méthode de calcul du centre de gravité min-max.

Il existe plusieurs manières d'arriver à des conclusions. Parmi elles, nous distinguons trois groupes principaux :

- *La déduction*. Une conclusion particulière est tirée d'une connaissance générale.
- *L'induction*. Un principe général est tiré d'un certain nombre d'affirmations.

- *L'analogie.* L'analogie consiste à déduire de faits ou de cas reconnus la vérité d'une proposition.

La commande floue a été une des grandes applications de la logique floue dans les années (1985-1995) et on a pu constater dans ce domaine, ce qu l'on avait connu dans le champ de l'intelligence artificielle (IA) dans les années (1975-1985) alors que la plupart de ses applications étaient des systèmes experts. Ces applications de commande floue étaient développées selon une démarche « basée connaissance » reposait sur l'expertise d'un opérateur sur un problème de commande donné, de complexité limitée (contrôleurs dits de type Mamdani).

Lorsqu'on a voulu passer à des problèmes plus complexes, il était difficile d'écrire ou de demander à un expert d'écrire des bases de règles volumineuses et l'approche basée connaissance n'avait plus de sens !

En fait, face à un problème de commande complexe, on doit tirer profit de différents types de connaissance :

- de l'expertise sur certain points limités,
- de modèles locaux à validité restreinte,
- de nombreuses données entrées-sorties sur le procédé.

Pour mêler toutes ces connaissances, l'approche basée connaissance/expertise, qui consistait à écrire directement un contrôleur, n'était plus adapté et l'on s'est tourné vers une approche plus générale, rejoignant une démarche classique de l'automatique dans une approche « basée modèle » grâce aux idées de modélisation floue.

Inconvénient principal dans la conception d'un contrôleur flou est le manque de directives précises pour la conception.

Dans ce livre on propose deux approches, la première est basée sur la méthode du gradient et la deuxième sur les algorithmes génétiques, pour concevoir un contrôleur flou ajustable, pour la commande d'un robot en présence d'obstacle fixe.

CHAPITRE II

II.1 Introduction

Ce chapitre consiste à représenter le comportement du robot par des équations algébriques, nous faisons appel à des notions mathématiques de point de vue position (*Modèle géométrique*) ou de point de vue vitesse (*modèle cinématique*) ou de point de vue des efforts misent en jeu (*modèle dynamique*). Les coordonnées articulaires et opérationnelles sont les paramètres qui caractérisent le modèle du robot. Les premières permettent au mécanisme de modifier sa géométrie et les secondes déterminent la position et l'orientation de l'organe terminal.

II.2 Modélisation géométrique

sous des formes variées *h (X, q) =0, X=F (q), q = g(x)*. Il s'agit d'un problème trivial dans certains cas, fort complexe dans d'autre cas, voire impossible quand interviennent des liaisons dites non holonomes.

II.2.1 Modélisation géométrique directe (MGD)

Le modèle géométrique direct d'un robot permet de calculer les coordonnées opérationnelles donnant la situation de l'organe terminal en fonction des coordonnées articulaires sous la forme :

$$X = F(q) \quad \textbf{(II.1)}$$

Avec la matrice (*F*) qui comporte deux termes non linéaires.

$$X = (X_1, \ X_2, \ \ldots\ldots\ldots\ldots, X_m)^T$$
$$Q = (q_1, \ q_2, \ \ldots\ldots\ldots\ldots, q_n)^T \quad \textbf{(II.2)}$$

Le modèle géométrique direct qui décrit le bras manipulateur est :

$$X = L_1 \cos(q_1) + L_2 \cos(q_1 + q_2)$$
$$Y = L_1 \sin(q_1) + L_2 \sin(q_1 + q_2) \quad \textbf{(II.3)}$$

Les relations (II.3) expriment le modèle géométrique direct qui est bien de la forme générale (II.1).

II.2.2 Modélisation géométrique inverse (MGI)

Le modèle géométrique inverse consiste à trouver le système d'équations qui exprime les coordonnées généralisées en fonction des coordonnées opérationnelles.

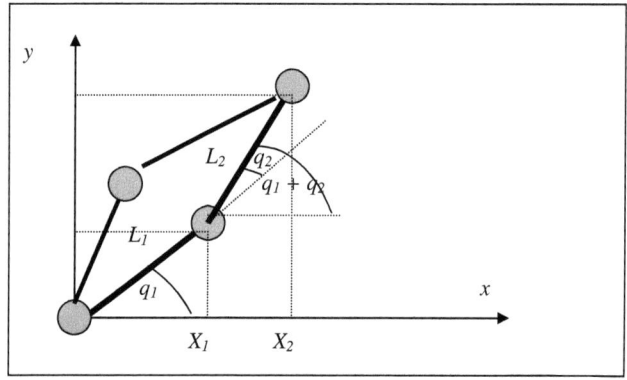

Figure II.1 Représentation d'un bras manipulateur

$$q_i = F^{-1}(x_i) \tag{II.4}$$

Il s'agit d'inverser le système (II.3). $q_2 = \pm \alpha$

Où
$$\alpha = Arc\cos\{[x^2 + y^2 - (L_1^2 + L_2^2)]/2L_1L_2\} \tag{II.5}$$
$$0 \langle \alpha \langle \Pi$$

Reprenant le système (II.3) :
Cos (q1+q2) et sin (q1+q2) :
$$X = (L_1 + L_2 \cos q_2) - L_2 \sin q_1 \sin q_2$$
$$Y = (L_1 + L_2 \cos q_2)\sin q_1 + L_2 \cos q_1 \sin q_2 \tag{II.6}$$

D'ou :
$$q_1 = a\tan 2\{[Y(L_1 + L_2 \cos q_2) - X * L_2 \sin q_2]/[X(L_1 + L_2 \cos q_2) + Y * L_2 \sin q_2]\} \tag{II.7}$$

Les équations (II.5), (II.7) constituent le MGI on observe qu'il y a deux solutions, représenté figure (II.1), on deux postures différentes du bras l'une dite "coude haut", l'autre dite "coude bas".

L'inversion d'un modèle géométrique direct n'est pas toujours possible, et lorsque la solution existe elle n'est pas toujours unique.

Alors dans le modèle géométrique inverse le problème se pose dans la détermination des valeurs que doivent prendre les variables articulaires; si cette solution existe et est unique, elle représentera donc une commande en position.

II.3 Modèle cinématique

II.3.1 Introduction

La cinématique complète la modélisation géométrique en établissant les relations entre les vitesses des paramètres articulaire ($\dot{q}$) et le couple vitesse de rotation, vitesse d'un point de l'effecteur que l'on désignera pour l'instant par la notation ($\dot{x} = J\dot{q}$).
La propriété évidente du modèle cinématique est sa linéarité par rapport aux vitesses.

II.3.2 Modèle cinématique direct (MCD)

Le modèle cinématique direct permet de déterminer la vitesse d'un point de l'effecteur et la vitesse de rotation en fonction des vitesses articulaire ($\dot{q}_i$), $i = 1$ à n.
(M C D) est de la forme [J.P. Lallemand 94], [K. Krzysztof. 98]:

$$\dot{x} = J(q)\dot{q} \qquad \text{(II.8)}$$

$\dot{x}$: Vitesse de l'effecteur par rapport au repère de base.

$\dot{q}$: Vitesse des coordonnées généralisées.

J : La matrice Jacobienne définie par :

$$J = \begin{bmatrix} \partial F_1/\partial q_1 & \partial F_1/\partial q_2 & \ldots\ldots\ldots\ldots & \partial F_1/\partial q_n \\ \partial F_2/\partial q_1 & \partial F_2/\partial q_2 & \ldots\ldots\ldots\ldots & \partial F_2/\partial q_n \\ \cdot & \cdot & \ldots\ldots\ldots\ldots & \cdot \\ \ldots & \ldots & \ldots\ldots\ldots\ldots & \ldots \\ \ldots & \ldots & \ldots\ldots\ldots\ldots & \ldots \\ \partial F_m/\partial q_1 & \partial F_m/\partial q_2 & \ldots\ldots\ldots\ldots & \partial F_m/\partial q_n \end{bmatrix} \quad \textbf{(II.9)}$$

avec :

n : D.D.liberté du robot.

m : D.D. mobilité du robot.

Pour le bras manipulateur le M G D s'écrit :

$$MGD \Rightarrow X = F(q) \Rightarrow \begin{aligned} X &= L_1 \cos q_1 + L_2 \cos(q_1 + q_2) = F_1(q_1, q_2) \\ Y &= L_1 \sin q_1 + L_2 \sin(q_1 + q_2) = F_2(q_1, q_2) \end{aligned} \quad \textbf{(II.10)}$$

Le Jacobien J est :

$$J = \partial F/\partial q \Rightarrow J = \begin{bmatrix} -L_1 \sin q_1 - L_2 \sin(q_1 + q_2) & -L_2 \sin(q_1 + q_2) \\ L_1 \cos q_1 + L_2 \cos(q_1 + q_2) & L_2 \cos(q_1 + q_2) \end{bmatrix} \quad \textbf{(II.11)}$$

II.3.3 Modèle cinématique inverse (MCI)

Le but de ce modèle consiste à trouver les vitesses articulaires qui génèrent la vitesse désirée du point terminal. Sa détermination consiste à inverser la matrice Jacobienne, qui n'est pas toujours possible.

Le modèle cinématique inverse est de la forme :

$$\dot{q} = J^{-1}(q)\dot{x} \quad \textbf{(II.12)}$$

Deux cas peuvent se présenter :

- det J ≠ 0
- det J = 0

Considérons donc le nombre de degré de liberté (*n*) et le nombre de degré de mobilité (*m*)

1- Si *m = n*, alors *(J)* est une matrice carrée, dans ce cas :

- det J ≠ 0 ; alors (J^{-1}) existe et la solution de $\dot{q} = J^{-1}(q)\dot{x}$ est unique
- det J = 0 ; la configuration pour laquelle det J = 0 est dite singulière; cela signifie que le rang de la matrice *(J)* est inférieur à *(m)* c'est-à-dire qu'il y a des combinaisons linéaires entre les coordonnées opérationnelles X_i.

2- Si **m > n ;** pour toutes les configurations, le robot est redondant, il existe une infinité de solutions du problème du modèle cinématique inverse.

II.4 Modélisation dynamique
II.4.1 Introduction

On s'intéresse ici aux efforts actionneurs produits par les mouvements du S. M. A. il s'agit d'établir les équations différentielles non linéaires qui relient les efforts actionneurs $\Gamma_i(t)$ aux variables articulaires $q_i(t)$, aux vitesses articulaires $\dot{q}_i(t)$ et aux accélérations articulaires $\ddot{q}_i(t)$.

L'ensemble de ces équations constitue ce qu'il est d'usage d'appeler le modèle dynamique du manipulateur.

Pour cela il existe plusieurs formalisme de modélisation telle que, le formalisme de *Newton-Euler*, le formalisme de *Lagrange-Euler*, le principe d'*Alembert*, etc.…

Pour notre étude on s'intéresse au formalisme de *Lagrange-Euler*.

II.4.2 Formalisme de Lagrange-Euler

Les équations dites de *Lagrange* permettent d'obtenir directement les relations entre les couples aux articulions et les mouvements des variables articulaires.

Il s'agit donc, pour un robot a *(i)* articulations de *(i)* équations différentielles du second ordre obtenues à partir des expressions.

$$d/dt\left(\partial L / \partial \dot{q}_i\right) - \left(\partial L / \partial q_i\right) = \Gamma_i \qquad \textbf{(II.13)}$$

Avec $L = E_c - E_p$ est la fonction de *Lagrange*, égale à la différence entre l'énergie cinétique totale E_c et l'énergie potentielle E_p du mécanisme.

Γ_i : la force généralisé sur l'articulation pour tout le système mécaniques, l'énergie cinétique E_c est une forme quadratique des vitesses.

$$E_c = 1/2 * w + A(q) * w$$

A : est une matrice symétrique définie positive, dépendant des masses et des inerties de chaque corps,

ω : la vitesse angulaire de chaque corps qui constitue le robot.

- Les équations de *Lagrange* conduisent à la forme matricielle suivante :

$$D(q)\ddot{q} + C\left(q,\dot{q}\right)\theta + G(q) = \Gamma \qquad \textbf{(II.14)}$$

Où :

$D(q)$: matrice inertie.

$C\left(q,\dot{q}\right)$: les forces d'inertie et de coriolis.

$G(q)$: vecteur des couples moteurs aux articulations.

II.5 Application du modèle dynamique par le formalisme de Lagrange- Euler pour un bras manipulateur à 2ddl

Pour appliquer les équations de *Lagrange-Euler* il faut en premier lieu déterminé l'énergie cinétique de chaque corps du bras manipulateur.

$$\begin{aligned} E_{c1} &= 1/2 * w_1 + A_1 * w_1 \\ E_{c2} &= 1/2 * w_2 + A_2 * w_2 \end{aligned} \qquad \textbf{(II.15)}$$

Une fois que nous aurons calculé l'énergie cinétique pour chaque corps, calculons l'énergie cinétique totale du robot « bras manipulateur » par la formule suivante.

$$E_{ct} = \sum_{i=1}^{n} E_{ci} \qquad \textbf{(II.16)}$$

E_{ci} : l'énergie cinétique du $i^{\text{éme}}$ corps du robot.

Puis nous pouvons appliquer les équations différentielles de *Lagrange* pour obtenir les équations différentielles qui décrivent la dynamique de ce manipulateur.

$$d/dt\left(\partial E_c / \partial \dot{q}_i\right) - \left(\partial E_c / \partial q_i\right) = \Gamma_i \qquad \textbf{(II.17)}$$

i = 1,....., n

Pour notre cas i = 2

$$\Gamma = \begin{bmatrix} \Gamma_1 \\ \Gamma_2 \end{bmatrix} \qquad \textbf{(II.18)}$$

$$d/dt\left(\partial E_c / \partial \dot{q}_1\right) - \left(\partial E_c / \partial q_1\right) = \Gamma_1$$
$$d/dt\left(\partial E_c / \partial \dot{q}_2\right) - \left(\partial E_c / \partial q_2\right) = \Gamma_2 \qquad \textbf{(II.19)}$$

Γ_1, Γ_2 : Les moments généralisés qui actionnent chaque corps dans la direction du mouvement du corps.

Ces deux expressions différentielles peuvent être écrites sous la forme matricielle suivante :

$$D(q)\ddot{q} \;+\; C\left(q,\dot{q}\right)\dot{q} \;+\; G(q) \;=\; \Gamma \qquad \textbf{(II.20)}$$

Où $D(q)$ est la matrice des coefficients inertiels.

$C(q, \dot{q})$ le vecteur des termes centrifiguals et de Coriolis.

$G(q)$ le vecteur gravitationnel.

$$D(q) = \begin{bmatrix} a_1 + a_2 \cos q_2 & a_3 + \dfrac{1}{2} a_2 \cos q_2 \\ a_3 + \dfrac{1}{2} a_2 \cos q_2 & a_3 \end{bmatrix} \qquad \textbf{(II.21)}$$

$$C(q,\dot{q}) = \begin{bmatrix} -a_2 \sin q_2 \left\{ \dfrac{(\omega_1 + \omega_2)}{2} \right\} \omega_2 \\ \dfrac{1}{2} a_2 \sin q_2 (\omega_1)^2 \end{bmatrix} \qquad \textbf{(II.22)}$$

$$G(q) = \begin{bmatrix} a_4 \cos q_1 + a_5 \cos(q_1 + q_2) \\ a_5 \cos(q_1 + q_2) \end{bmatrix} \quad \textbf{(II.23)}$$

Où :
$$a_1 = \frac{1}{2} m_1 l_1^2 + \frac{1}{2} m_2 l_1^2$$

$$a_2 = m_2 l_1 l_2 ,$$

$$a_3 = \frac{1}{3} m_2 l_2^2 ,$$

$$a_4 = \frac{1}{2} m_1 g l_1 + m_2 g l_1 ,$$

$$a_5 = \frac{1}{2} m_2 g l_2 ,$$

$$\omega_1 = \dot{q}_1 \quad et \quad \omega_2 = \dot{q}_2$$

II.6 Présentation de la chaise roulante

II.6.1 Modèle de la chaise roulante

Le robot que nous allons étudier est un robot mobile de type chaise roulante dont la forme est assimilée à un rectangle (voir Figure II.2). La chaise évolue dans un espace de travail W plan et connu par ses frontières; tel que: $W = R^2$.

L'espace des configurations de la chaise est de dimension 3 dont une configuration est définie par *(x, y, θ)*, tel que *(x, y)* est la position de la chaise par rapport à un référentiel et θ son orientation par rapport à l'axe des *X*.

La chaise est dotée de deux roues arrière motrices, et d'une roue avant directrice.

II.6.2 Non holonomie de la chaise roulante

Les paramètres de configuration de la chaise sont donnés par les coordonnées du point *M(x, y, θ)* représentant sa position par rapport à un référentiel et son orientation par rapport à l'axe des *X*. (voir figure II.2)

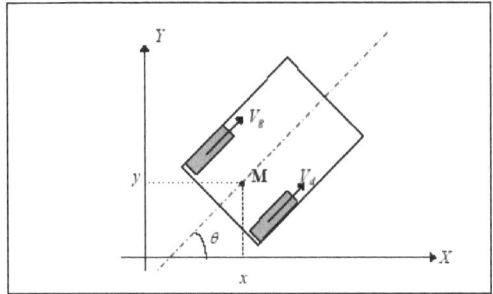

Figure II.2- Les coordonnées de la chaise par rapport au référentiel.

$$\dot{x} = \frac{V_g + V_d}{2}\cos\theta, \qquad \dot{y} = \frac{V_g + V_d}{2}\sin\theta, \qquad \dot{\theta} = \frac{V_g - V_d}{d}$$

Avec :

V_g : la vitesse de la roue arrière gauche.

V_d : la vitesse de la roue arrière droite.

d : la distance entre les deux roues arrière de la chaise.

II.6.3 Contrôlabilité de la chaise

Avant et pendant le processus de conception d'un dispositif d'aide (chaise roulante) il est important pour être sûr qu'il sera "contrôlable". En effet, la contrôlabilité d'un robot mobile de type voiture a été démontrée par Laumond [LAU.] à l'aide d'outils de la théorie du contrôle des systèmes non linéaires. Ce résultat formel confirme l'intuition expérimentale qu'a tout conducteur, à savoir que, moyennant un certain nombre de manoeuvres il est toujours possible d'emmener une voiture d'une configuration à une autre.

II.7 Modèle de la roue

Le mouvement du robot mobile à roues est décrit complètement par le vecteur de position $\zeta = (x, y, \theta)^T$

- (x, y) est le couple des coordonnées d'un point M de la plate forme exprimées dans le repère inertiel orthonormé, et
- θ est l'orientation.

On définit la matrice de rotation orthogonale qui permet le passage du repère R_1 au repère R :

$$R(\theta) = \begin{bmatrix} \cos(\theta) & -\sin(\theta) & 0 \\ \sin(\theta) & \cos(\theta) & 0 \\ 0 & 0 & 0 \end{bmatrix} \quad \textbf{(II.25)}$$

Le robot mobile à roues constitue une classe de système mécanique caractérisé par des contraintes non intégrables. L'étude de la manoeuvrabilité d'un robot mobile se fait à partir de la traduction en termes mathématiques des contraintes de roulement pur sans glissement vérifiées pour chacune des roues, les contraintes imposées aux différents mouvements, suivant le type de la roue.

Description de la roue : On suppose que durant le mouvement, le plan de chaque roue reste en permanence perpendiculaire au sol. On distingue deux classes de roues : les roues conventionnelles et les roues suédoises. Dans chaque cas on suppose que le contact entre la roue et le sol est réduit à un seul point.

Les roues conventionnelles : pour lesquelles la contrainte de roulement pur sans glissement se traduit par une vitesse nulle au point de contact suivant deux directions : l'une parallèle et l'autre perpendiculaire au plan de la roue. Parmi ces roues on distingue :

II.7.1 La roue fixe : le centre de la roue, noté A, est un point fixe de la plate forme et sa position est caractérisé par quatre constantes (α, β, l, r) et l'angle de rotation $\varphi(t)$, figure (II.3)

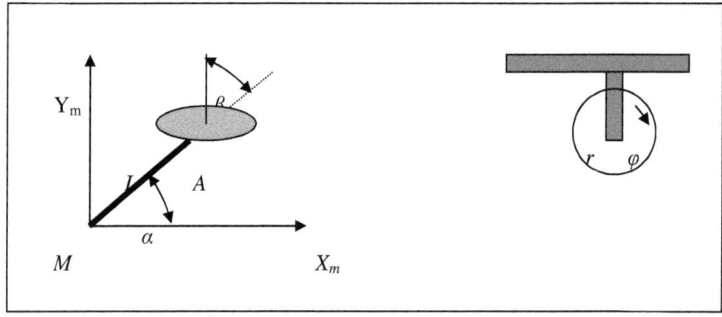

Figure II.3 La roue fixe

La position A est déterminée par les coordonnées polaires, par la distance [MA=L] et l'angle (α). L'orientation du plan de la roue par rapport à MA est représenté par l'angle constant (β). L'angle de rotation de la roue autour de son axe horizontal est noté (φ) et le rayon de la roue est noté (r). Après cette description on en déduit les contraintes suivantes :

- Le long du plan de la roue :

$$[-\sin(\alpha+\beta) \quad \cos(\alpha+\beta) \quad l\cos\beta]R(\theta)\dot{\zeta} + r\dot{\varphi} = 0 \tag{II.26}$$

- Orthogonale au plan de la roue :

$$[\cos(\alpha+\beta) \quad \sin(\alpha+\beta) \quad l\sin\beta]R(\theta)\dot{\zeta} = 0 \tag{II.27}$$

II.7.2 La roue directrice : caractérisée par un axe d'orientation vertical passant par le centre de la roue. La description de cette roue est identique à celle de la roue fixe, sauf que l'angle (β) n'est pas constant. La position de la roue est caractérisée par trois constantes (l, α, r) et le mouvement par rapport à la plate forme par deux variables $[\beta(t) \ et \ \varphi(t)]$. Les contraintes possèdent les mêmes formes que précédemment :

$$\begin{aligned}[-\sin(\alpha+\beta) \quad \cos(\alpha+\beta) \quad l\cos\beta]R(\theta)\dot{\zeta} + r\dot{\varphi} = 0 \\ [\cos(\alpha+\beta) \quad \sin(\alpha+\beta) \quad l\sin\beta]R(\theta)\dot{\zeta} = 0\end{aligned} \tag{II.28}$$

II.7.3 La roue folle : caractérisée par un axe d'orientation vertical appartenant au plan de la roue, mais ne passe pas par le centre de la roue figure (II.4).

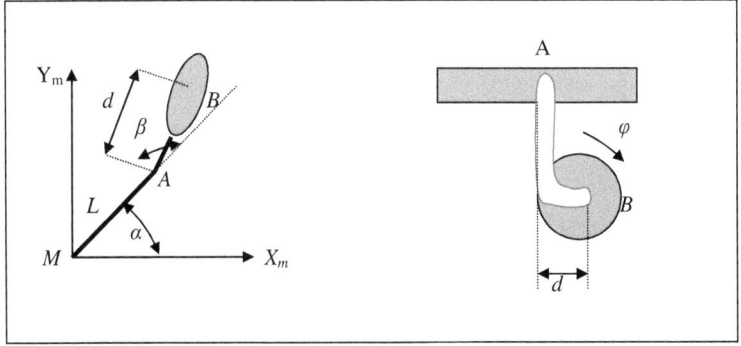

Figure II.4 Roue folle

Dans ce cas, la description de la roue nécessite plus de paramètres. Le centre de la roue est noté maintenant B, il est connecté à la plate forme par un dispositif rigide AB d'une longueur constante d, ce dernier peut tourner autour d'un axe vertical fixe en A fixé à la plate forme, sa position est spécifiée par deux coordonnées polaires $[l \ et \ \alpha]$. Le plan de la roue est aligné le long de *AB*. La position de la roue est décrite par quatre constantes $[l, \alpha, r, d]]$ et son mouvement par les deux angles $\beta(t)\, et\, \varphi(t)$. Selon ces notations, les contraintes prennent les formes suivantes :

$$[-\sin(\alpha+\beta) \quad \cos(\alpha+\beta) \quad l\cos\beta]R(\theta)\dot{\zeta} + r\dot{\varphi} = 0$$
$$[\cos(\alpha+\beta) \quad \sin(\alpha+\beta) \quad d+l\sin\beta]R(\theta)\dot{\zeta} + d\dot{\beta} = 0$$

(**II.29**)

Conclusion :

La première compréhension des mouvements complexes dans l'espace, de l'outil porté par un bras manipulateur est essentiellement une affaire de géométrie des déplacements. Ce chapitre traite de la modélisation géométrique avec les outils simples du calcul vectoriel et du calcul matriciel. Après avoir rappelé ces outils, l'accent est mis sur des procédures générales d'obtention des relations entre la situation de l'organe terminal et les variables actionneurs, dans le problème direct et le problème inverse.

Si la géométrie apporte déjà beaucoup à la compréhension des robots, elle est cependant insuffisante et doit être complétée par la cinématique afin de décrire complètement les mouvements.

Un robot manipulateur est soumis à des efforts qui sont dus au poids propre de ses éléments, à la charge transportée, aux efforts d'inertie quand il effectue des mouvements rapide, ce qui permet d'avoir des éléments pour guider le choix des motorisations et des commandes associées.

Nous avons présenté aussi le modèle cinématique pour un robot mobile non holonome de type chaise roulante à trois roues dont les deux arrières sont motrices et la roue avant directrice.

CHAPITRE III

III.1 Construction d'un correcteur flou

L'idée d'appliquer les techniques floues au domaine du contrôle des processus a été proposée la première fois par *Chang et Zadeh* en 1972 [Cha.72]. Leur démarche reposait sur une approche à base de modèle en utilisant le concept de fonction floue. Toutefois, il est intéressant de noter que les premières applications en contrôle flou ont été effectuées par *Mamdani* et son équipe [Mam.74], [Mam.75a], [Mam.75b], [Mam. 77] en utilisant une approche de type heuristique qui a ses racines dans le champ de l'intelligence artificielle. L'idée développée a été d'utiliser les techniques floues pour leur capacité à exprimer, de manière simple et sous une forme linguistique, des règles de comportement comme cela été mis en évidence par *Zadeh* dans [Zad.73]. Cette approche a conduit à de nombreux développements dans la communauté du contrôle flou. Le domaine des contrôleurs flous de type proportionel-intégral-dérivé, ou plus généralement de type linéaire, reste encore très actif aujourd'hui [Bou.92a], [Buc.89], [Buc.90], [Fou. 98], [Gal.95], [Hu.99], [Mat.92], [Mud.99], [Tao.00].

Une autre approche, qui a donné des développements très riches, a été proposée par *Takagi et Sugeno* en 1985 [Tak.85, Sug.83]. Elle repose aussi sur une représentation à base de règle. Toutefois, à la différence des contrôleurs de type *Mamdani*, la partie conclusion des règles s'exprime de manière numérique sous la forme d'une constante, d'un polynôme ou, de manière plus générale, par une fonction ou une équation différentielle dépendant des variables associées aux prémisses des règles. Ce type de représentation peut être utilisé pour modéliser un processus ou pour synthétiser un contrôleur flou. Cette approche, orientée modèle, a fourni la plupart des résultats théoriques en contrôle flou. En l'absence de modèle analytique, la loi de commande peut être synthétisée à partir d'une relation entrée-sortie sous forme d'un système flou de type *Takagi-Sugeno*. Les erreurs de modélisation peuvent être prises en compte par différentes techniques : contrôleurs flous adaptatifs, contrôleurs flous robustes utilisant une synthèse H_∞ [Che.96], [Kan.98], [Ma. 00], [Su.94], [Wan.93], [Won.98], [Yin.95].

III.2 Introduction à la logique floue

Si les processus commandés sont linéaires, (c'est-à-dire lorsque les grandeurs de sortie sont reliées aux grandeurs d'entrée par des équations différentielles linéaires) ils peuvent être alors modélisés par un modèle mathématique (fonction de transfert en « p » pour les systèmes à temps continu ou en « z » pour les systèmes à temps échantillonnés). Le concepteur devra alors calculer les valeurs des paramètres de réglage du régulateur (gain, durées d'intégration et de dérivation) pour satisfaire aux exigences d'un cahier des charges (temps de montée, dépassement). Le système régulé sera correct s'il est peu sensible aux perturbations (on dira alors qu'il est robuste).

Certains processus sont par nature difficilement modélisables (thermique, chimique), variables dans le temps ou encore ne peuvent être correctement représentés par un modèle linéaire. Dans ce cas, les paramètres de réglage du régulateur ne seront pas optimaux et le système pourra ne pas être correctement contrôlé.

Dans une approche *« logique floue »*, on ne se préoccupe pas d'une modélisation mathématique du processus mais, par contre, on suppose le processus non régulé bien connu par un opérateur humain, l'objectif est toutefois de l'automatiser. On parle alors de connaissance par un *« expert »* qui sait ce qu'il faut faire pour que ça marche dans tous les cas de figure.

III.3 Structure d'un contrôleur flou

1) Structure du régulateur

La figure (III.1) présente un système qui contient un régulateur flou. Il a une structure identique à un système à réglage par feedback classique (ou réglage par contre réaction d'état). Il est constitué de :

- S : le système à régler
- OCM : l'organe de commande
- RLF : le régulateur par logique floue
- W : la grandeur de consigne

- U_{cm} : le signale de commande fournit par le RLF
- U : la grandeur de commande fournie par l'OCM
- V : une perturbation
- Y : la grandeur à régler (ou sortie)
- Y_M : le vecteur qui contient les grandeurs mesurées

Ce dernier contient en général la grandeur à régler y et, le cas échéant, d'autres grandeurs mesurées qui sont déterminantes pour saisir l'évolution dynamique du système à régler.

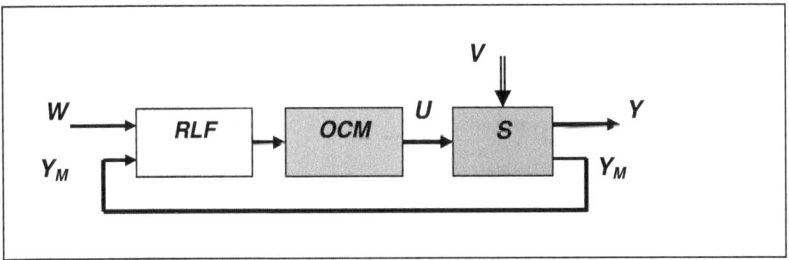

Figure III.1 Structure d'un réglage multivariable par logique floue

2) Configuration interne

Pour rappel, par opposition à un régulateur standard, le régulateur par logique floue ne traite pas une relation mathématique bien définie, mais utilise des inférences avec plusieurs règles se basant sur des variables linguistiques. Ces inférences sont alors traitées par des opérateurs de la logique floue.

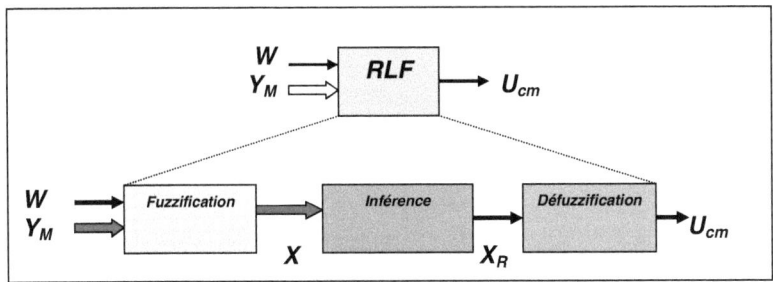

Figure III.2 Configuration interne d'un régulateur par logique floue

Les trois parties de la structure générale du contrôleur

Dans la configuration interne d'un régulateur par logique floue, on distingue trois parties :

1. **La fuzzification** : conversion des valeurs d'entrées (grandeurs physiques) en grandeurs floues réunies dans le vecteur x.

2. **L'inférence** (avec la base de règles) : prise des décisions (chaque règle activée donne un sous-ensemble flou de sortie).

3. **La défuzzification** : conversion des sous-ensembles flous de sortie en valeurs déterminées.

III.3.1 Opération de fuzzification

La grandeur d'entrée du contrôleur doit d'abord être *fuzzifiée*, c'est-à-dire que l'on va fixer les valeurs linguistiques ainsi que la forme des fonctions d'appartenance. Cette opération doit être faite également sur la variable de sortie. Bien sûr cette sortie fuzzifiée n'est pas exploitable pour attaquer l'interface de puissance. Il faudra donc avoir en tête de faire une opération de « *défuzzification* » pour résoudre ce problème.

III.3.2 Règles « d'inférence »

- **Méthode MAX-MIN**

- Au niveau de la condition : ***ET*** est représenté par la fonction ***Min***, ***OU*** est représenté par la fonction ***Max***
- Au niveau de la conclusion : ***OU*** est représenté par la fonction ***Max***, ***ALORS*** est représenté par la fonction ***Min*** (d'où la désignation)

- **Méthode MAX-PROD**

- Au niveau de la condition : ***ET*** est représenté par la fonction ***Min***, ***OU*** est représenté par la fonction ***Max***
- Au niveau de la conclusion : ***OU*** est représenté par la fonction ***Max***, ***ALORS*** est représenté par la fonction ***Prod*** (d'où la désignation)

- **Méthode SOMME-PROD**

Il s'agit de la Somme Pondérée (ou Moyenne) :

- Au niveau de la condition : ***ET*** est représenté par la fonction ***Prod***, ***OU*** est représenté par la fonction ***Somme***.
- Au niveau de la conclusion : ***OU*** est représenté par la fonction ***Somme, ALORS*** est représenté par la fonction ***Prod*** (d'où la désignation)

• **Base de règles « d'inférence »**

Le rôle de l'expert est ici présent car c'est lui qui va fixer les règles de la commande qui vont porter uniquement sur les valeurs linguistiques des variables.

La liste des règles est appelée **base d'inférence** (**inférence** : opération logique par laquelle on admet une proposition en vertu de sa liaison avec d'autres propositions tenues pour vraies : Nouveau Petit Robert). On parle aussi de **moteur d'inférence**. Il n'est pas nécessaire que toutes les cases du tableau soient remplies.

On peut trouver les règles énoncées critiquables, elles ne sont données qu'à titre d'exemples et doivent être adaptées en fonction de chaque processus.

A ce stade, on a donc la sortie définie sous forme linguistique avec des degrés d'appartenance précis. Il faut maintenant passer à une grandeur qui, elle, sera interprétable par l'interface de commande

III.3.3 Opération de Défuzzification

Les méthodes d'inférence fournissent une fonction d'appartenance résultante pour la variable de sortie. Il s'agit donc d'une information floue qu'il faut transformer en grandeur physique.

On distingue 4 méthodes de défuzzification :

1) Méthode du maximum :

La sortie correspond à l'abscisse du maximum de la fonction d'appartenance résultante.
Trois cas peuvent se produire :
Dans le premier cas, il n'y a pas de problèmes. Dans les deux autres cas, une ambiguïté apparaît. Il n'y a pas de règle générale sur la décision à prendre. Certains opérateurs préféreront prendre la plus petite sortie, d'autres la plus grande et d'autres une valeur moyenne.

Remarque: méthode simple, rapide et facile mais elle introduit des ambiguïtés et une discontinuité de la sortie.

2) Méthode de la moyenne des maxima :

Dans le cas où plusieurs sous-ensembles auraient la même hauteur maximale, on réalise leur moyenne. Un des inconvénients (l'ambiguïté) de la méthode du maximum est enlevé.

3) Méthode du centroïde :

La sortie correspond à l'abscisse du centre de gravité de la surface de la fonction d'appartenance résultante.

Il existe deux méthodes :
- On prend l'union des sous-ensembles flous de sortie et on en tire le centroïde global (calculs très lourds).
- On prend chaque sous-ensemble séparément et on calcul son centroïde, puis on réalise la moyenne de tous les centroïdes.

Remarque: on n'a plus de discontinuités et d'ambiguïtés, mais cette méthode est plus complexe et demande des calculs plus importants.

4) Méthode de la somme pondérée :

Il s'agit d'un compromis entre les deux méthodes précédentes. On calcule individuellement les sorties relatives à chaque règle selon le principe de la moyenne des maxima, puis on réalise leur moyenne pondérée.

Après ces notions de base de la logique floue et ses applications, nous constatons que cette technique convient à notre cas. Malgré les inconvénients qu'elle possède, cela ne nuit pas à son efficacité et sa souplesse dans la commande des systèmes complexes ce qui justifie notre choix.

III.4 L'apprentissage en logique floue

Les premiers travaux dans le domaine de l'apprentissage pour systèmes flous on été réalisés par Procky et Mamdani [Pro. 79] dans le cadre des contrôleurs flous auto organisés

(Self Organizing Controller). Le principe général utilisé est celui de l'apprentissage renforcé. Le but est d'apprendre à un contrôleur flou à suivre une trajectoire de référence (ou atteindre un point). Le résultat de ses commandes est jugé grâce à une table de performance permettant d'indiquer les corrections nécessaires. Ces corrections sont alors répercutées sur les différentes règles en tenant compte de leur rôle pour le calcul de la commande finale. [Glo. 68] a proposé une adaptation de l'algorithme (*Q-Learning*) à un contrôleur flou. Le contrôleur est formé d'un ensemble d'agents acceptant tous les mêmes entrées. Pour chaque situation, La sélection de l'agent actif est réalisée grâce à la fonction d'utilité *Q*. Le renforcement reçu est alors distribué sur les différentes règles en fonction de leur degré d'activation. Après apprentissage, il est possible de former un nouvel agent constitué des règles de chaque agent ayant reçu le plus de renforcement. Cet algorithme ne propose pas la modification ou la création de nouvelles règles mais de réaliser une sélection des règles les plus appropriées parmi une base existante.

Les deux approches précédentes ont pour principe commun d'essayer de construire une base de règles par apprentissage renforcé. Il existe deux types d'apprentissage pour un système flou :

1. L'apprentissage des paramètres. Il permet de régler la valeur des différents paramètres attachés aux fonctions d'appartenance et (ou) aux opérateurs de combinaison.
2. L'apprentissage structurel. Son but est de déterminer le nombre de règles ainsi que les variables mises en jeu.

III.4.1 L'apprentissage des paramètres

Le but de l'apprentissage est de déterminer la valeur des différents paramètres utilisés de manière à minimiser l'erreur commise par rapport aux ensembles. Ces paramètres peuvent être attachés aux opérateurs de combinaison [Glo.93] ou aux fonctions d'appartenance des différentes données linguistiques. L'approche la plus simple consiste à positionner les différentes parties condition des règles manuellement ou grâce à un algorithme de catégorisation et d'ajuster uniquement la partie conclusion [Jou 93]. Rappelons que dans le cadre d'un contrôleur de type Sugeno avec une partie conclusion constante, la valeur de sortie est donnée par :

$$f = \frac{\sum_i w_i a_i}{\sum_i w_i}$$

La valeur de sortie est donc une combinaison linéaire des termes recherchés. La minimisation de l'erreur peut être obtenue directement par une méthode de type simplexe [Gar. 94] ou descente de gradient [Ish. 93] par exemple.

La modification exclusive de la partie droite peut être insuffisante. Il faut alors avoir recours à une adaptation de l'ensemble de paramètres du système flou. Cela peut être réalisé grâce à différentes techniques d'optimisation telles que le recuit simulé [La r. 93] ou à nouveau la descente de gradient.

Le calcul de gradient de chaque paramètre intervenant dans la partie gauche d'une règle est un problème à priori non trivial. On peut constater néanmoins que les opérateurs réalisées dans les différentes étapes de l'évaluation d'une base de règles sont similaires aux opérateurs réalisés par certains neurones formels. Un système flou peut être transformé en un réseau à propagation unilatérale et être modifié par rétro propagation du gradient. Le rapprochement de la logique floue et des réseaux de neurones afin de combiner leurs avantages respectifs est une grande préoccupation des chercheurs des deux axes. Ces formalismes sont tous les deux utilisés pour résoudre des problèmes semblables caractérisés par une absence de modèle. Le contrôle flou permet la prise en compte de connaissances initiales mais reste figé. Les réseaux de neurones ne peuvent incorporer cette connaissance initiale mais sont capable d'adaptation [Nau. 93], [Glo. 91], [Glo. 93], [Jan. 92], [Nau. 93].

III.4.2 L'apprentissage structurel

Le but de cet apprentissage est de déterminer la structure d'un contrôleur décrivant une base d'exemples fournie. Les méthodes développées peuvent être séparées en deux catégories :

1. celles basées sur l'analyse de la distribution des points d'exemples,
2. celles basées sur la recherche du meilleur contrôleur parmi l'ensemble des contrôleurs possibles.

Sélection du contrôleur parmi un ensemble

Le principe général de ces méthodes est de réaliser une recherche au sein de l'espace formé par l'ensemble des contrôleurs possibles. A notre connaissance, la première approche dans ce domaine est celle de [Tak. 85]. Le but est de déterminer les variables intervenant dans le contrôleur, les parties conditions et les parties conclusion des règles. Le principe est le suivant :

1. Un sous ensemble de l'ensemble total des variables du problème est choisi grâce à une heuristique. A partir de cet ensemble, la partie condition et conclusion optimales sont calculées. Le contrôleur obtenu est évalué par rapport à l'ensemble des exemples (par un critère quadratique d'erreur). Le choix initial des sous ensemble de variables est alors remis en cause de manière à réduire cette erreur.
2. étant donné un choix de variables, les parties conditions optimales peuvent être déterminées (en tenant compte des parties conclusions calculées).
3. étant donné un choix de variables et de parties conditions, les différentes conclusions sont générées afin de réduire l'erreur quadratique par rapport aux exemples.

La détermination d'un contrôleur nécessite donc de nombreuses itérations entre les trois étapes rendant l'algorithme peu adapté à un calcul en ligne. Il est de plus nécessaire de connaître initialement la totalité des exemples.

Le problème de recherche d'un élément parmi un ensemble vaste d'éléments possibles est un problème type des algorithmes génétiques [Lee 93], [Coo. 93], [Coo.94], [Got. 87], [Her. 93], [Her. 93], [Cas. 93]. Herrera par exemple code une règle floue au sein d'un chromosome destiné à évaluer. La quantité de chaque chromosome, permettant de sélectionner les candidats au croisement, est jugée selon 4 critères :

1. le nombre d'exemples positifs. Ce sont les exemples de la base initiale en accord avec la règle.
2. le degré d'activation moyen de la règle sur l'ensemble des exemples positifs.
3. le nombre d'exemples négatifs. Ce sont les exemples en contradiction avec la règle.
4. le degré de participation de la règle sur la totalité des exemples

III.5 Méthode proposée

III.5.1 Procédure de commande

Le bras, l'obstacle et la cible peuvent prendre n'importe quelle position à condition qu'ils doivent rester dans la zone de travail (l'obstacle et la cible ne doivent pas être très proche de l'origine et ne doivent pas être très éloignés de la distance $L_1 + L_2$.

- Le bras ne peut rencontrer qu'un seul obstacle.
- Le bras est contrôlé uniquement par son orientation.

III.5.2 Méthode d'évitement

Pour que le bras se déplace sans collision avec l'obstacle, le bras évolue dans un champ de forces qui sont :

- Une force attractive F_{att}.
- Une force répulsive F_{rep}.

A partir de ces forces on détermine l'orientation du bras.

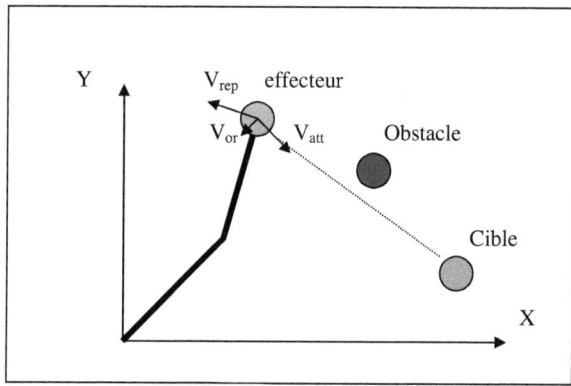

Figure III. 3 l'espace de commande du bras manipulateur

V_{att} : vecteur attractif à la cible.

$V_{rép}$: vecteur répulsif de l'obstacle.

V_{or} : vecteur orientation du bras.

La force attractive est calculée directement à partir de la position de la cible et pour la force répulsive on utilise un raisonnement par logique floue.

III.5.3 Le contrôleur flou pour l'évitement d'obstacle

L'objectif est la conception d'un contrôleur flou capable d'évaluer le vecteur répulsif V_{rep} correspondant à la position relative actuelle de l'obstacle.

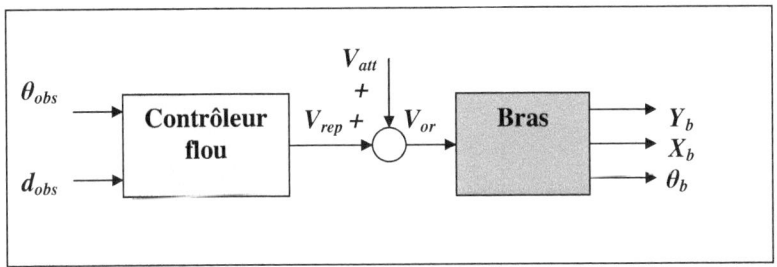

Figure III. 4 Entrées / sorties du contrôleur

Le contrôleur possède deux entrées et une sortie. Les entrées sont l'angle et la distance par rapport à l'obstacle, la sortie est le vecteur répulsif. Pour le bras, l'entrée est l'angle d'orientation β et les sorties sont les deux coordonnées absolues (X_b, Y_b) et la direction (θ_b).

Le contrôleur choisi est de type Takagi-Sugeno avec les fonctions d'appartenance gaussiennes.

La fuzzification :

- *La fuzzification de l'angle d'obstacle θ_{obs} :*

On suppose que le bras peut percevoir un obstacle dans une direction qui appartienne à l'intervalle *[-90, +90]*. La première entrée est partitionnée en sept sous ensemble flous de formes Gaussienne (figure III.5):

LG : *Large à gauche,* **MG** : *Moyenne à gauche*
PG : *Petite à gauche,* **EZ** : *Environnement de zéro*
PD : *Petite à droite,* **MD** : *Moyenne à droite*
LD : *Large à droite*

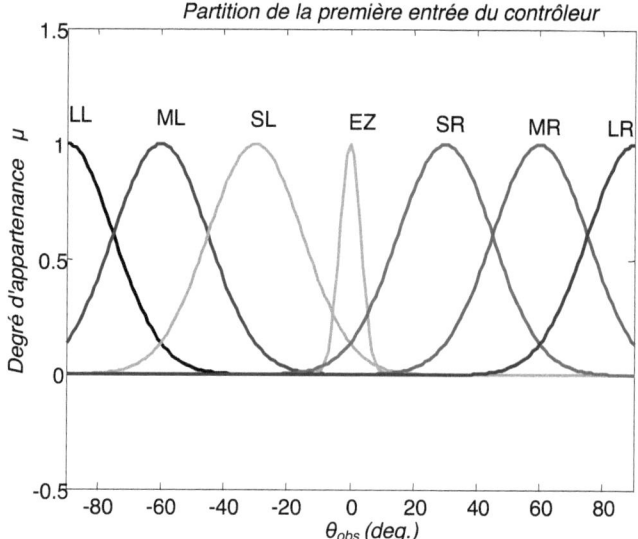

Figure III. 5 Fuzzification de l'angle d'obstacle θ_{obs}

- *La fuzzification de la distance d'obstacle d_{obs}*

On suppose que le bras peut détecter un obstacle jusqu'à une distance de 30 unités. La fonction d'appartenance est partitionnée en trois sous ensembles flous de formes Gaussienne (figure III.6):

S : *petite,* **M** : *Moyenne,* **L** : *grande*

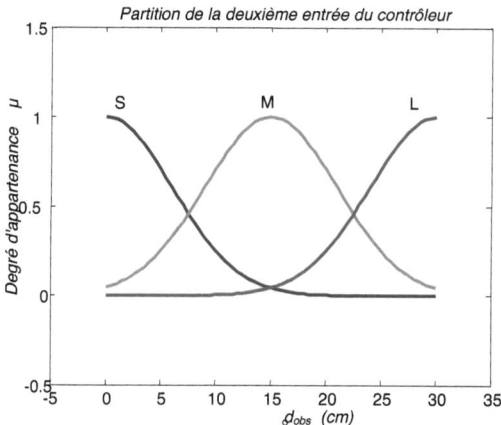

Figure III. 6 Fuzzification de la distance d'obstacle d_{obs}

- *La fuzzification de l'angle répulsif θ_{rep}*

La fonction d'appartenance de l'angle répulsif θ_{rep} est donnée sous forme de constantes appartenant à l'intervalle *[-135, +135]* (figure III.7).

TGN : Très grand négatif	**AGN** : Assez grand négatif
GN : Grand négatif	**MN** : Moyen négatif
PN : Petit négatif	**APN** : Assez petit négatif
TPN : Très petit négatif	**EZ** : Environ de zéro
TPP : Très petit positif	**APP** : Assez petit positif
MP : Moyen positif	**AGP** : Assez grand positif

Tableau III.1 Les termes linguistiques de la variable de sortie (θ_{rep})

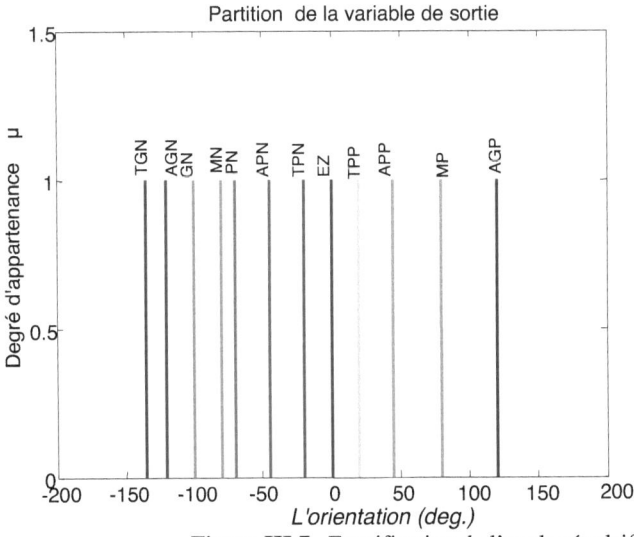

Figure III.7 Fuzzification de l'angle répulsif

L'inférence

L'angle répulsif θ_{rep} est décidé comme suit :

R_1 : SI d_{obs} est GN ET θ_{obs} est P ALORS θ_{rep} est APP, OU

R_2 : SI d_{obs} est GN ET θ_{obs} est M ALORS θ_{rep} est TPP, OU

....

R_{21} : SI d_{obs} est GP ET θ_{obs} est G ALORS θ_{rep} est EZ.

Les règles sont résumées dans le tableau suivant [Fou.95] :

	$\theta_{rép}$	LL	ML	SL	θ_{obs} EZ	SR	MR	LR
	S	APP	MP	AGP	TGN	AGN	MN	APN
d_{obs}	M	TPP	APP	MP	GN	MN	APN	TPN
	L	EZ	TPP	APP	PN	APN	TPN	EZ

Tableau III.2 La base des règles de l'angle répulsif θ_{rep}

III.6 Contrôleur flou auto ajustable

Introduction :

Les règles linguistiques, variables linguistiques, fonctions d'appartenance etc., sont des paramètres à déterminer pour les utiliser dans la conception d'un contrôleur flou. On propose une méthode d'apprentissage par gradient descendant, qui permet l'ajustement automatique de ces paramètres sous la supervision d'un expert [God.97], [Tao.05].

III.6.1 Contrôleur de type Takagi - Sugeno

Règles linguistiques : On suppose que le contrôleur possède M+K variables linguistiques :

M entrées : $x_1, x_2, \ldots, x_m$.

K sorties : $y_1, y_2, \ldots, y_k$.

Et N règles linguistiques :

$\mathbf{R_1}$: SI x_1 est A_{11} ET x_2 est A_{12} ET $\ldots x_M$ est A_{1M}

Alors y_1 est C_{11} ET y_2 est C_{12} ET $\ldots y_k$ est C_{1k} ;

OU

$\mathbf{R_n}$: SI x_1 est A_{n1} ET x_2 est A_{n2} ET $\ldots x_M$ est A_{nM}

Alors y_1 est C_{n1} ET y_2 est C_{n2} ET $\ldots y_k$ est C_{nk} ;

OU

R$_N$: SI *x$_1$ est A$_{N1}$ ET x$_2$ est A$_{N2}$ ET ....x$_M$ est A$_{NM}$*

Alors y$_1$ est C$_{N1}$ ET y$_2$ est C$_{N2}$ ET ... y$_k$ est C$_{Nk}$;

Avec : A$_{nm}$ est une valeur linguistique pour la n^{ième} règle et la m^{ième} variable linguistique.

C$_{nK}$ est une valeur constante représente la K^{ième} sortie de la n^{ième} règle.

III.6.2 Fonction d'appartenance

On définit pour chaque entrée, un ensemble de fonctions d'appartenance Gaussienne ou triangulaire comme suit :

La fonction Gaussienne est définie par :

$$\mu_{nm}(x_m) = \exp\left(-\frac{(x_m - a_{nm})^2}{2b_{nm}^2}\right) \qquad \textbf{(III.1)}$$

n= 1,..........., N
m=1,..........., M
a$_{nm}$ sont les centres et b$_{nm}$ sont les largeurs des fonctions d'appartenance.

La fonction triangulaire est définie par :

$$\mu_{nm}(x_m) = \begin{cases} 1 - \dfrac{2|x_m - a_{nm}|}{b_{nm}} & \text{pour} \quad a_{nm} - \dfrac{b_{nm}}{2} \leq x_m \leq a_{nm} + \dfrac{b_{nm}}{2} \\ 0 & \text{ailleurs} \end{cases} \qquad \textbf{(III.2)}$$

III.6.3 Inférence

On utilise l'opérateur *PROD* au lieu de l'opérateur *MIN* pour calculer l'implication des règles linguistiques, permettant de trouver la dérivée de l'erreur l'apprentissage [Buh.97].

Supposons que le vecteur d'entrée du contrôleur est :

$$\vec{x}^* = \left(x_1^*, \quad x_2^*, \quad ...., x_M^*\right)^T$$

Donc les résultats des règles d'inférence sont :

$$\mu_1 = \mu_{11}(x_1^*)\mu_{12}(x_2^*)\ldots\ldots\mu_{1M}(x_M^*),$$

$$\mu_2 = \mu_{21}(x_1^*)\mu_{22}(x_2^*)\ldots\ldots\mu_{2M}(x_M^*),$$

$$\ldots\ldots\ldots\ldots\ldots\ldots\ldots\ldots\ldots\ldots\ldots\ldots\ldots\ldots$$

$$\mu_N = \mu_{N1}(x_1^*)\mu_{N2}(x_2^*)\ldots\ldots\mu_{NM}(x_M^*).$$

(III.3)

L'application de la défuzzification nous donne :

$$y_k = \frac{\sum_{n=1}^{N}\mu_{nk}C_{nk}}{\sum_{n=1}^{N}\mu_n} = \frac{\mu_1}{\sum_{n=1}^{N}\mu_n}C_{1k} + \frac{\mu_2}{\sum_{n=1}^{N}\mu_n}C_{2k} + \ldots + \frac{\mu_N}{\sum_{n=1}^{N}\mu_n}C_{Nk} = \sum_{n=1}^{N}\overline{\mu}_n C_{nk}$$

(III.4)

Où k = 1,……..,K.

III.7 Méthode d'apprentissage

La méthode d'apprentissage consiste à ajuster les paramètres du contrôleur afin d'obtenir les sorties désirées pour des entrées données (figure III.8).

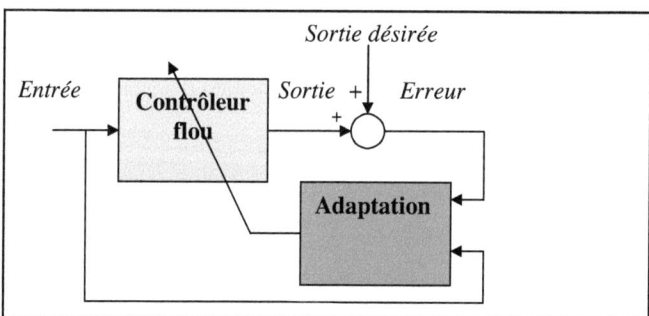

Figure III.8 Schéma d'apprentissage

III.8 L'algorithme général

Le problème d'estimation des paramètres consiste à minimiser le critère V.

$$V = E\{(\tilde{e}(t))^2\} \quad ou \quad V = E\left\{\frac{1}{N}\sum_{t=1}^{N}(\tilde{e}(t))^2\right\}$$

(III.5)

E : l'espérance mathématique.

N : Le nombre d'itérations.

$\vec{e}(t)$: Le vecteur d'erreur d'apprentissage.

L'estimation de V est :

$$V(t) = (\vec{e}(t))^2 = \frac{1}{2}[\vec{y}(t) - \vec{y}_d(t)]^T [\vec{y}(t) - \vec{y}_d(t)] = \frac{1}{2}\sum_{k=1}^{K}(y_k(t) - y_{dk}(t))^2 \quad \textbf{(III.6)}$$

Où $y_d(t)$ est la sortie désirée à l'instant t.

La minimisation du critère V peut être obtenue par la résolution de :

$$-\nabla_z V = \left[-\frac{\partial \nabla}{\partial z_1}, \ldots, -\frac{\partial \nabla}{\partial z_p}\right] = 0 \quad \textbf{(III.7)}$$

Où $-\nabla_z V$ est la notion du gradient de V.

P le nombre de paramètres à adapter.

Robin et Monoro ont proposé la formule générale pour résoudre cette dernière équation.

$$z_p(t+1) = z_p(t) - \Gamma_p \nabla_z V[z_p(t)] \quad \textbf{(III.8)}$$

Où Γ est le taux d'apprentissage.

III.9 Adaptation des paramètres

Le contrôleur de Takagi-Sugeno a trois types de paramètres à adapter :

- Les centres $a = (a_{11}, \ldots, a_{nm}, \ldots, a_{NM})^T$
- Les largeurs $b = (b_{11}, \ldots, b_{nm}, \ldots, b_{NM})^T$
- Les valeurs des conséquences $c = (c_{11}, \ldots, c_{nk}, \ldots, c_{NK})^T$

Alors : $\vec{Z} = (a_{11}, \ldots, a_{nm}, \ldots, a_{NM}, b_{11}, \ldots, b_{nm}, \ldots, b_{NM}, c_{11}, \ldots, c_{nk}, \ldots, c_{NK})^T$

Le nombre de paramètres à adapter est $P = 2N*M + K*N$

Le vecteur qui minimise le critère est donné par :

$$\frac{-\partial V}{\partial a_{11}},...,\frac{-\partial V}{\partial a_{NM}},\frac{-\partial V}{\partial b_{11}},...,\frac{-\partial V}{\partial b_{NM}},\frac{-\partial V}{\partial c_{11}},...,\frac{-\partial V}{\partial c_{NK}} = 0$$

L'ajustement récursif des paramètres est donné par:

$$a_{nm}(t+1) = a_{nm}(t) - \Gamma_a \frac{\partial V(z)}{\partial a_{nm}} \quad \textbf{(III.9)}$$

$$b_{nm}(t+1) = b_{nm}(t) - \Gamma_b \frac{\partial V(z)}{\partial b_{nm}} \quad \textbf{(III.10)}$$

$$c_{nk}(t+1) = c_{nk}(t) - \Gamma_c \frac{\partial V(z)}{\partial c_{nk}} \quad \textbf{(III.11)}$$

Si les fonctions d'appartenance du contrôleur sont Gaussiennes, alors les dérivées partielles du critère V sont :

$$\frac{\partial V}{\partial a_{nm}} = \sum_{k=1}^{K}(y_k - y_{dk})\frac{u_n}{\sum_{n=1}^{N}u_n}(c_{nk} - y_k)\frac{x_m - a_{nm}}{b_{nm}^2} \quad \textbf{(III.12)}$$

$$\frac{\partial V}{\partial b_{nm}} = \sum_{k=1}^{K}(y_k - y_{dk})\frac{u_n}{\sum_{n=1}^{N}u_n}(c_{nk} - y_k)\frac{(x_m - a_{nm})^2}{b_{nm}^3} \quad \textbf{(III.13)}$$

$$\frac{\partial V}{\partial c_{nk}} = (y_k - y_{dk})\frac{u_n}{\sum_{n=1}^{N}u_n} \quad \textbf{(III.14)}$$

Substituons les équations (III.12)-(III.14) dans les équations (III.9)-(III.11), l'adaptation des paramètres des fonctions d'appartenance Gaussiennes est donnée par :

$$a_{nm}(t+1) = a_{nm}(t) - \Gamma_a \frac{\mu_n}{\sum_{n=1}^{N}\mu_n}\frac{x_m(t) - a_{nm}(t)}{b_{nm}(t)^2}\sum_{k=1}^{K}(y_k(t) - y_{dk}(t))(c_{nk}(t) - y_k(t)) \quad \textbf{(III.15)}$$

$$b_{nm}(t+1) = b_{nm}(t) - \Gamma_b \frac{\mu_n}{\sum_{n=1}^{N}\mu_n}\frac{(x_m(t) - a_{nm}(t))^2}{b_{nm}(t)^3}\sum_{k=1}^{K}(y_k(t) - y_{dk}(t))(c_{nk}(t) - y_{dk}(t)) \quad \textbf{(III.16)}$$

$$c_{nk}(t+1) = c_{nk}(t) - \Gamma_c \frac{u_n}{\sum_{n=1}^{N}u_n}(y_k(t) - y_{dk}(t)) \quad \textbf{(III.17)}$$

Procédure itérative

La procédure itérative pour l'adaptation des paramètres et la minimisation du critère peuvent être résumé comme suit :

Etape 1 : Initialisation des paramètres.
- Les valeurs des conséquences c_{nk} sont des nombres aléatoires.
- Choix des paramètres antécédent a_{nm} et b_{nm}.

Etape 2 : Entrer le vecteur : $\vec{x} = (x_1, x_2, \ldots, x_n)^T$.

Etape 3 : Entrer le vecteur de sortie désirée : $\vec{y}_d(t) = (y_{d1}, y_{d2}, \ldots, y_{dk})^T$.

Etape 4 : Calculer les sorties du contrôleur : $\vec{y}(t) = (y_1, y_2, \ldots, y_k)^T$.

Etape 5 : Adaptation des paramètres des conséquences : C_{nk}.

Etape 6 : Adaptation des paramètres antécédents : a_{nm} et b_{nm}.

Etape 7 : Evaluation du critère V.

Etape 8 : Répéter les étapes de 2 à 8 jusqu'à une valeur V préalablement définie.

III.10 Résultats de simulation

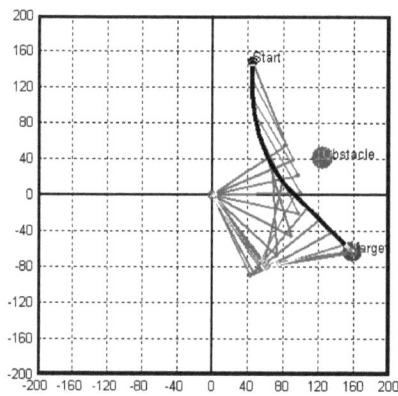

Figure III.9 Navigation du bras avant l'apprentissage

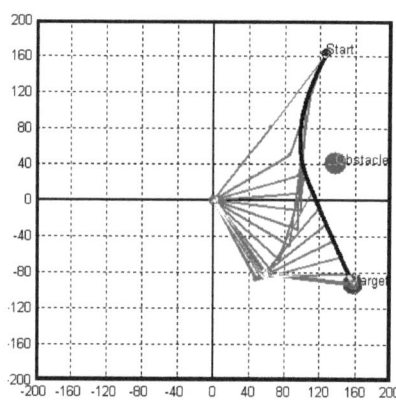

Figure III.10 Navigation du bras avant l'apprentissage

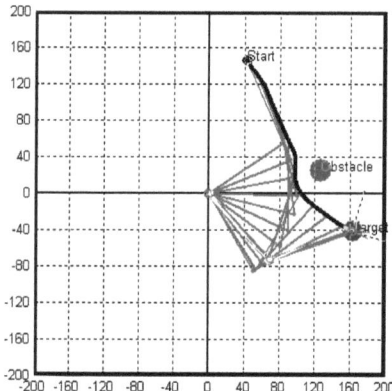

Figure III.11 Navigation du bras durant l'opération d'apprentissage

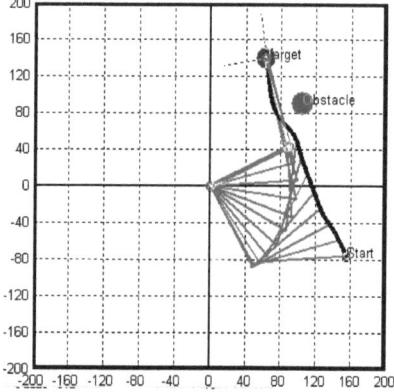

Figure III.12 Navigation du bras durant l'opération d'apprentissage

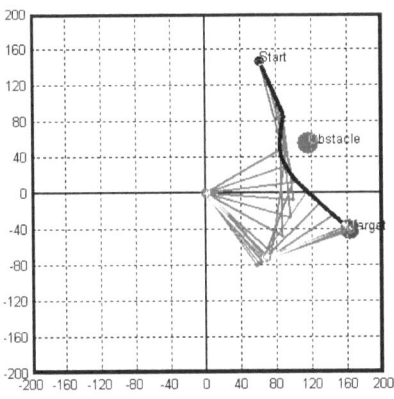

Figure III.13 Navigation du bras après l'apprentissage

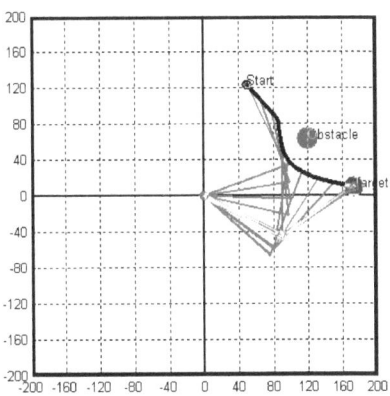

Figure III.14 Navigation du bras après l'apprentissage

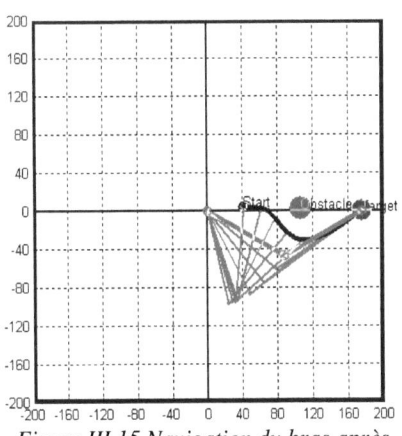

Figure III.15 Navigation du bras après l'apprentissage

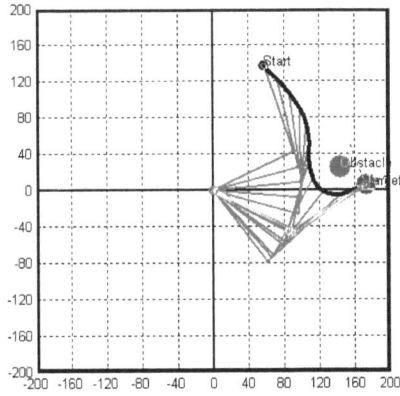

Figure III.16 Navigation du bras après l'apprentissage

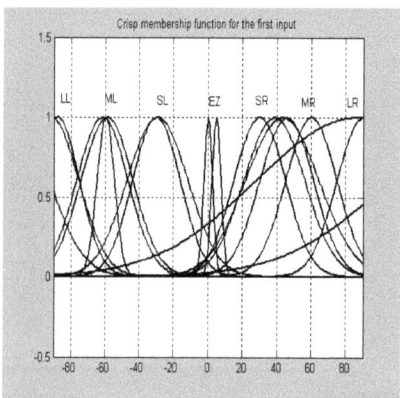

Figure III.17 partition des fonctions d'appartenances de la première entrée du contrôleur après ajustement.

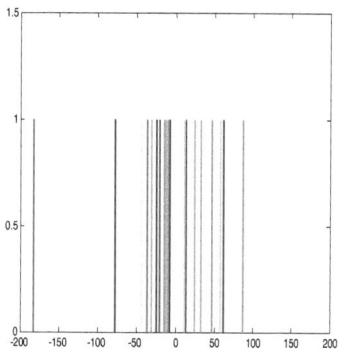

Figure III.19 partition des fonctions d'appartenances de la sortie du contrôleur après ajustement

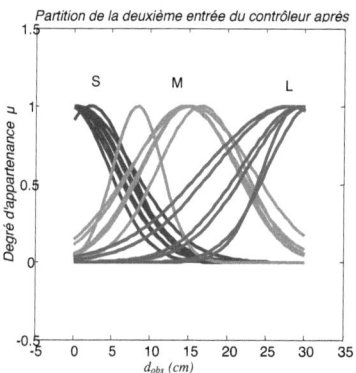

Figure III.18 partition des fonctions d'appartenances de la deuxième entrée du contrôleur après ajustement

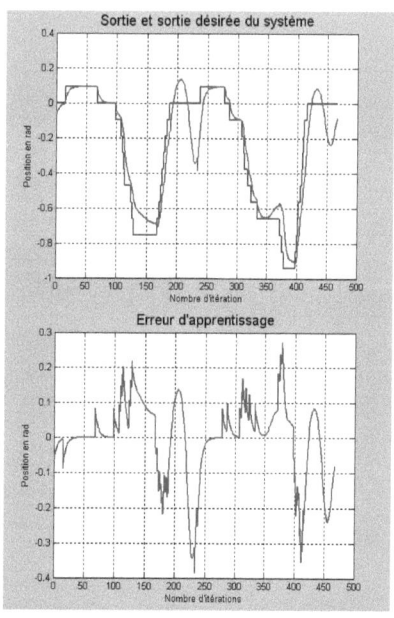

Figure III.20 sortie et sortie désirée+ erreur d'apprentissage

Conclusion

Dans la plupart des tâches de navigation des robots, le robot devrait éviter les obstacles, il peut suivre une trajectoire, transporter des objets ou atteindre un but. Il doit faire toutes ces actions sans collision avec les obstacles n'est endommagé son environnement.

Le but de l'expérience présentée dans ce chapitre et de concevoir un contrôleur flou simple avec un nombre réduit de règles, permettant au robot d'éviter les obstacles rencontrés.

Supposons que nous avons toutes les informations disponibles. On suppose que le robot est soumis à une force attractive vers la cible et une force répulsive de l'obstacle. La force attractive est calculée directement à partir des positions du robot et de la cible, par contre pour la force répulsive un raisonnement flou est appliqué. Le contrôleur flou proposé a deux entrées et une sortie. Les entrées sont la distance et l'angle entre le robot et l'obstacle, la sortie est l'angle répulsif. Pour la première entrée du contrôleur elle est partitionnée en 7 sous ensembles flous de forme Gaussiennes (figure. III. 5), tandis que la deuxième elle est partitionnée en 3 sous ensembles flous de forme Gaussiennes (figure III. 6), par contre la sortie elle est représentée par 12 fonctions de formes constantes (Singleton) (Figure III. 7). Le vecteur orientation est la somme de deux forces (attractive et répulsive). Donc le type de régulateur utilisé est un contrôleur de type Takagi- Sugeno d'ordre zéro. Ce type de contrôleur a des performances comparables au contrôleur flou avec l'inférence Min - Max et la défuzzification par centre de gravité [God.97].

Les résultats de simulation de ce type de régulateur pour l'évitement d'obstacle d'un bras manipulateur sont représentés par les figures (III.9-III.16).

Augmenter le nombre de règles consomme beaucoup de temps de calcul et risque de créer une base de règles contradictoire et peut même aboutir à un conflit entre les règles. L'approche présentée rend possible la réalisation de manœuvres très intéressantes pour le comportement du robot, en changeant simplement la base de règles, le robot peut par exemple éviter un obstacle et atteindre un but.

Le problème majeur est le choix approprié des fonctions d'appartenances et des règles linguistiques. Une méthode automatique pour le choix des règles et des paramètres des fonctions d'appartenances est nécessaire.

Pour ce travail, nous avons proposé une méthode pour la conception d'un contrôleur flou.

La première étape est d'établir un ensemble de règles et de paramètres initiaux pour le contrôleur, déplacement du robot avant apprentissage (figures III.9-III.10). Dans la deuxième étape un superviseur contrôle le robot (l'étape d'apprentissage) (figures III.11-III.12), durant cette étape, les paramètres du contrôleur sont ajustés par l'algorithme décrit. La méthode d'adaptation des paramètres du contrôleur est une méthode d'apprentissage supervisée. Cela signifie que pendant la phase d'apprentissage, le robot se déplace sous la commande d'un superviseur et le contrôleur adapte ses paramètres simultanément (figures III.17-III.19).

L'application de cet algorithme, consiste premièrement à commander manuellement le robot de sa position initiale à la position finale (cible) tout en évitant l'obstacle rencontré. Certes pour apprendre au robot de suivre tel ou tel chemin, cela nécessite un grand nombre d'essais pour apprendre le comportement désiré. En outre, le superviseur a besoin d'une main habile, car il est souhaitable de donner les mêmes instructions au robot dans les mêmes situations comportementales.

Avec seulement 21 règles le robot a appris avec succès à effectuer le comportement désiré (figures III.13-III.16). L'erreur moyenne diminue de manière significative (figure III.20). On peut noter que les fonctions d'appartenances sont modifiées et on constate une concentration des fonctions d'appartenances de la sortie à gauche de (0°) (figure III.19) car l'évitement se fait à gauche de l'obstacle.

CHAPITRE IV

IV.1 Introduction

La recherche d'une solution dans un espace complexe implique souvent un compromis entre deux objectifs apparemment contradictoire :
- L'exploitation des meilleures solutions disponibles à un moment donné ;
- Une exploitation robuste de l'espace des solutions possibles.

Les méthodes de type *grimpeur* représentent une extrémité possible du compromis, en se basant uniquement sur l'exploitation et en souffrant, par conséquent, de la non globalité de l'optimum trouvé, sauf dans des cas bien particulier où le grimpeur procède itérativement en tenant à chaque pas de trouver localement une solution intermédiaire meilleure que la solution courante.

Les algorithmes génétiques AG sont une classe de stratégies de recherche réalisant un compromis équilibré et raisonnable entre l'exploration et l'exploitation ; en effet, des analyses théoriques ont montrée que les AG géraient ce compromis de façon presque optimale. Leur fonctionnement repose sur une heuristique très simple; les meilleures solutions seront trouvées dans des régions de l'espace de recherche contenant des propositions relativement élevées de bonnes solutions.

IV.2 Principe et fonctionnement des AG

Population : les algorithmes génétiques ne travaillent pas sur un individu, une donnée, mais au contraire, sur une population de chaînes afin d'effectuer des opérations, des recherches sur un domaine de possibilité plus important. C'est une des grandes forces des **AG**. Une population se compose de chaînes ou chromosomes. En général, la taille de la population est constante, c'est-à-dire que le nombre d'individus composant la population est constant.

Chromosome ou individu : Les chaînes de systèmes génétiques artificielles sont analogues aux chromosomes du système biologique. Il porte des informations génétiques d'un individu. Ainsi, un individu se composera de gênes.

Gène : Les chromosomes se composent de gènes qui peuvent prendre des valeurs différentes (*Allèle*). La position d'un gène dans un chromosome est identifiée par son locus. Un gène est une caractéristique génétique d'un individu. On parle, en génétique, d'un gène de la couleur des yeux par exemple, et on en dénombre entre 50000 et 80000 dans le corps humain. Dans les AG les gènes ont des valeurs appartenant à un alphabet qui dépend du codage adopté pour le problème à résoudre.

Génération : Une génération est une population à un instant (t), les AG faisant évaluer les populations, cette évolution est effectuée par des opérateurs de sélection, de croisement et de mutation.

Fonction d'adaptation : C'est une fonction qui mesure l'adaptation d'un individu donné d'une population donnée. Elle est la clé de voûte des AG. Il est donc très important de définir une bonne fonction d'adaptation pour le problème traité.

IV.3 Principe des algorithmes génétiques

Pour appliquer adéquatement un AG, il est impératif d'identifier clairement les différentes étapes préalables à la programmation :

1. Un principe de codage de l'élément de population (*individu*), Cette étape associe à chacun les points de l'espace considéré par le problème, une structure de donnée. Elle se place après la phase de modélisation mathématique du problème traité.

2. Un mécanisme capable de générer une population initiale qui servira de base pour la génération suivante. Ce choix conditionne la rapidité de la convergence vers l'optimum. Dans le cas où l'on ne connaît rien du problème à résoudre, il est essentiel que la population initiale soit répartie sur tout l'espace de recherche. En pratique, on a souvent recours à la génération aléatoire de la population initiale.

3. Une fonction d'adaptation afin de mesurer les performances de chaque individu, on introduit une fonction d'adaptation, celle-ci correspond à l'utilité de la solution par rapport au problème. Elle constitue donc le critère à base duquel l'individu serait ou pas sélectionné pour être reproduit dans la génération suivante. La qualité de cette fonction conditionne, pour une grande part, l'efficacité d'un AG. Il est, par conséquent, important de tenir compte de sa complexité. En effet, dans le cas où la fonction d'adaptation apparaît excessivement complexe, consommant une importante puissance de calcul, il est souhaitable de lui rechercher une approximation plus simple.

4. Un mécanisme de sélection des individus candidats à l'évolution.

5. Des opérateurs permettant de diversifier la population au cours des générations et d'explorer l'espace d'états. L'opérateur de croisement recompose les gènes d'individus existants, l'opérateur de mutation diversifie les individus dans la population.

6. Des paramètres de dimensionnement: taille de la population, critère d'arrêt, probabilités d'application des opérateurs génétiques. Le problème de quantification considéré par ce dernier point ne dispose pas de paramétrage universel, Cependant, certaines valeurs largement utilisées pour résoudre concrètement des problèmes méritent d'être retenus :

- Taille de la population : entre 30 et 50 individus
- Taux de croisement : entre 70% et 90%.
- Taux de mutation : entre 0.5% et 1%.

IV.4 Structure de l'algorithme génétique

A l'inverse d'autres techniques d'optimisation, les AG ne requièrent pas d'hypothèse particulière sur la régularité de la fonction objective. L'algorithme génétique n'utilise pas ses dérivées successives, ce qui rend très vaste son domaine d'application. Aucune hypothèse sur la continuité n'est non plus requise. Néanmoins, dans la pratique, les AG sont sensibles à la régularité des fonctions qu'ils optimisent. Le peu d'hypothèses requises permet de traiter des problèmes très complexes. La fonction à optimiser peut aussi être le résultat d'une simulation.

La sélection permet d'identifier statistiquement les meilleurs individus d'une population et d'éliminer les mauvais. On trouve dans la littérature un nombre important de méthodes de sélection plus au moins adaptées aux problèmes qu'elles traitent.

- ***La sélection proportionnelle :*** Ce mode de sélection des parents consiste à dupliquer chaque individu de la population proportionnellement à son adaptation dans son milieu.
- ***La sélection stochastique universelle :*** Contrairement à la méthode précédente où il faut réaliser N tirages aléatoire pour sélectionner N individus, la sélection stochastique universelle ne nécessite qu'un seul tirage pour choisir tous les parents d'une génération.
- ***La sélection linéaire par rapport au rang*** : Un individu est choisi aléatoirement avec une probabilité de sélection proportionnelle à son rang.
- ***La sélection uniforme par rapport au rang :*** Les individus de rang inférieur sont sélectionnés aléatoirement avec une probabilité uniforme. Les autres individus sont exclus de la population et ne peuvent pas participer à la reproduction.
- ***La sélection par tournoi :*** k individus de la population seront choisis aléatoirement ; celui dont la performance est la plus élevée est retenu pour participer à la reproduction. L'opération est répétée autant de fois qu'il y a d'individus à sélectionner.

IV.5 Le croisement

L'opérateur de croisement agit sur deux chaînes reproductrices représentant les chromosomes parents. Il échange une partie de leurs gènes créant deux nouveaux individus. Les enfants ainsi obtenus possèdent certaines caractéristiques génétiques de leurs parents respectifs.

Le croisement est un processus aléatoire de probabilité P_c appliqué à un couple de parents arbitrairement choisis dans la population. Les parents après croisement peuvent être retirés de la population (*croisement sans replacement*) ou bien être gardés pour une nouvelle reproduction (*croisement avec replacement*).

IV.5.1 Le croisement à un site

Considérons deux chaînes binaires de longueur *l* qui représentent les chromosomes de deux parents reproducteurs. Si la probabilité P_c est vérifiée, un site de croisement est choisi entre les points *1* et *l-1* du chromosome. Le mécanisme de croisement consiste alors à échanger les gènes de chaque parent entre le site sélectionné et la position finale *l* des deux chaînes. Le principe est représenté par la figure (IV.1).

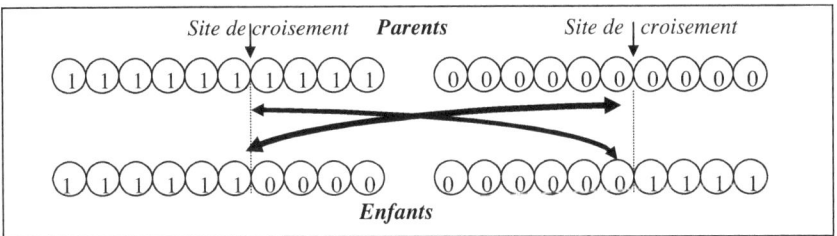

Figure IV.1 Le principe de croisement à un site

IV.5.2 Le croisement à n sites

Le croisement peut être généralisé à *n* sites, la permutation des gènes étant effectuée entre chaque site. Si le nombre de sites est impair, on fixe un emplacement supplémentaire correspondant à la dernière position dans la chaîne comme pour le croisement à un site.

Le mécanisme de croisement généralisé est illustré par la figure (IV.2)

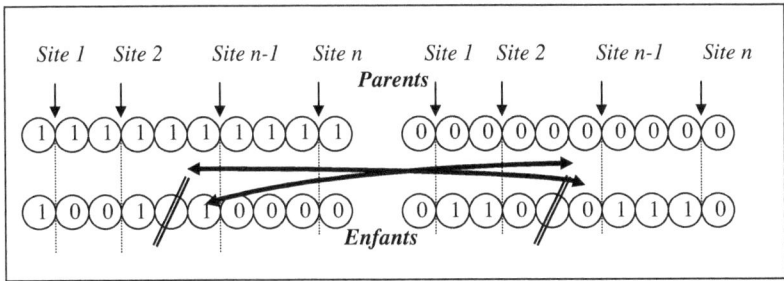

Figure IV.2 Principe de croisement à n sites

IV.5.3 Le croisement uniforme

Le croisement uniforme est obtenu à partir d'un masque binaire initialisé aléatoirement et possédant un nombre de bits égal au nombre de gènes des individus de la population. Le premier enfant est crée en prenant des gènes du premier parent lorsque les bits correspondant dans le masque valent (*1*) et les gènes du deuxième parent si ces derniers valent (*0*). Le deuxième enfant s'obtient de la même manière en complémentant le masque. La figure IV.3 illustre le processus de croisement uniforme.

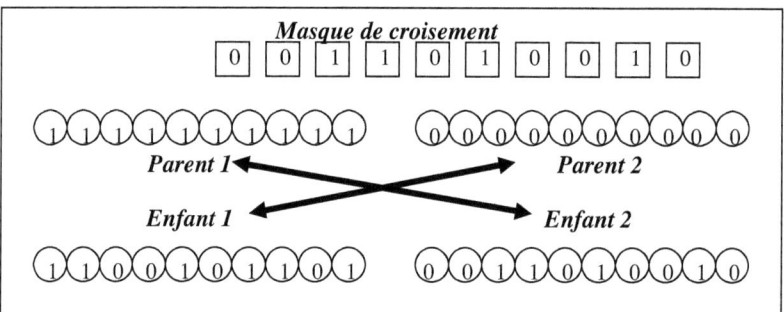

Figure IV.3 Principe du croisement uniforme

IV.6 La mutation

Principe : La mutation est une altération d'un gène d'un individu. L'opérateur de mutation consiste à compléter la valeur d'un bit du chromosome avec une probabilité P_m exécuté bit par bit (voir figure IV.4)

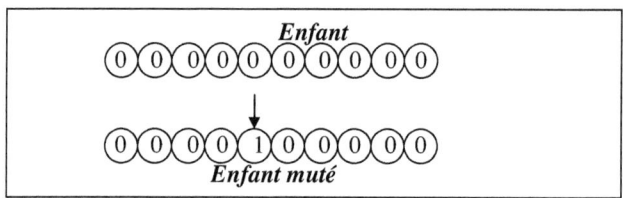

Figure IV.4 Principe de la mutation

La combinaison de la sélection et du croisement est normalement nécessaire pour assurer l'évolution de la population et la convergence de l'algorithme vers l'optimum. Mais, il est possible que des informations essentielles contenues dans les gènes des individus disparaissent au cours des générations. Le rôle principal de la mutation est de protéger les individus contre cette perte irrémédiable. La mutation constitue un opérateur de recherche secondaire qui favorise l'application de génotypes nouveaux.

IV.7 Le principe de construction d'un contrôleur

1. Un ensemble de chromosomes initiaux sont fournis.
2. L'algorithme génétique est appliqué à partir de ces chromosomes et de la base de points exemples (*cette base est nécessaire pour le calcul de la fonction d'activation*).
3. Le meilleur chromosome est sélectionné et la règle correspondante est ajoutée au contrôleur en construction.
4. Si la base d'exemple est vide, l'algorithme est terminé. Sinon on retourne au pas 2.

La plupart des algorithmes proposés dans le cadre de l'apprentissage structurel ou de l'apprentissage de paramètres sont basées sur le principe suivant :

- Le système flou est converti en un réseau de neurones équivalent au travers une phase de compilation,
- Le réseau est entraîné à partir des exemples,
- Après l'apprentissage, il est reconverti en règles floues par une phase de décompilation.

IV.8 Apprentissage d'une base de règles floues

La plupart des approches intelligentes courantes sont heuristiques en nature. Des simulations sont alors faites pour prouver le bon fonctionnement de ces approches pour un problème spécifique. Ce genre d'approche a deux inconvénients:

- elle dépend uniquement du problème pris en charge, c'est-à-dire une méthode peut fonctionner bien pour un problème mais pas pour un autre.
- Il n'y a aucun cadre pour modéliser et représenter différents aspects de stratégies de commande, ce qui rend des analyses théoriques pour ces approches très difficiles.

Wang et Mendel proposent une méthode générale pour combiner l'information numérique et linguistique pour obtenir une base de règles floues.

Supposons que nous avons le problème suivant : soit un système de commande complexe dont lequel un contrôleur humain est une partie essentielle, l'environnement faisant face à

ce contrôleur humain est compliqué qu'aucun modèle mathématique ne peut être déterminer, ou le modèle mathématique est fortement non linéaire de sorte qu'aucune méthode de conception n'existe. La tâche est de concevoir un système de commande adéquat pour remplacer le contrôleur humain. Pour concevoir un tel système, nous devons d'abord voir quelle information est disponible. Puisqu'il y a déjà un contrôleur humain qui commande avec succès le système, deux genres d'information sont disponibles :
   1. l'expérience du contrôleur humain,
   2. les échantillons prélevés entrée/sortie.

L'expérience du contrôleur humain est habituellement exprimée par certaines règles linguistiques [*IF ... THEN*].

Les échantillons prélevés entrée/sortie sont des données numériques qui donnent des valeurs spécifiques des entrées/sorties réussies.

Chacun des deux types d'information pris seul est incomplet.

L'idée principale de l'approche proposée est de combiner les deux types d'informations pour concevoir un contrôleur adéquat.

IV.8.1 Génération de règles floues par des données numériques

Supposons que nous avons un ensemble de paires désirées de données d'entrée-sortie :

$$\left(x_1^{(1)}, x_2^{(1)}, y^{(1)}\right), \left(x_1^{(2)}, x_2^{(2)}, y^{(2)}\right), \ldots \quad \textbf{(IV.1)}$$

Où x_1 et x_2 sont les entrées et y est la sortie. Ce cas simple d'une sortie et deux entrées est choisi afin de souligner et clarifier les idées fondamentales de l'approche.

La tâche principale est de produire un ensemble de règles floues à partir de paires désirées d'entrée-sortie de (IV.1), et l'emploi de ces règles pour déterminer la fonction $f : (x_1, x_2) \to y$. L'approche comprend les cinq étapes suivantes :

Étape 1 :   Diviser les espaces d'entrée et de sortie en régions floues

- Supposons que les intervalles du domaine de x_1, de x_2 et de y sont $[x_1^-, x_1^+], [x_2^-, x_2^+]$ et $[y^-, y^+]$ respectivement, où « l'intervalle du domaine » d'une variable signifie que cette variable se situera le plus probablement dans cet intervalle.

- Diviser chaque intervalle du domaine en N+1 régions (N peut être différent pour différentes variables, et les longueurs de ces régions peuvent être égales ou inégales).
- Attribuer à chaque région une fonction d'appartenance floue.

La forme de chaque fonction d'appartenance est triangulaire :
- ◆ un sommet se trouve au centre de la région et a un degré d'appartenance égale à 1.
- ◆ les deux autres sommets se trouvent aux centres des deux régions voisines, respectivement, et ont des degrés d'appartenances égales à zéro.

Naturellement, d'autres divisions des régions de domaine et d'autres formes des fonctions d'appartenance sont possibles.

Étape 2 : Générer des règles floues à partir des paires de données

D'abord, déterminer les degrés d'appartenances de $x_1^{(i)}, x_2^{(i)}$, et $y^{(i)}$ dans différentes régions.

En second lieu, attribuer à $x_1^{(i)}$, $x_2^{(i)}$ et $y^{(i)}$ la région avec le degré d'appartenance maximum.

En conclusion, obtenir une règle d'une paire de données désirées d'entrée/sortie, par exemple,

$$\left(x_1^{(1)}, x_2^{(1)}; y^{(1)}\right) \Rightarrow \left[x_1^{(1)}(0.8\,in\,B1, \max), x_2^{(1)}(0.7\,in\,S1, \max); y^{(1)}(0.9\,in\,CE, \max)\right] \Rightarrow Rule1$$

IF x_1 is *B1* and x_2 is S*1*, THEN y is *CE*

Les règles produites de cette façon sont des règles en *(AND)*, c'est à dire, les règles dans lesquelles les conditions de la partie *(IF)* doivent être rencontrées simultanément afin que le résultat de la partie *(ALORS)* *(THEN)* se produit.

Pour le problème de génération des règles floues par des données numériques, seulement des règles en *(AND)* sont exigées.

Étape 3 : Attribuer un degré d'appartenance à chaque règle

Puisqu'il y a habituellement un nombre important de paires de données, et chaque paire de données produit une règle, il est fortement probable qu'il y aura quelques règles contradictoires, c'est à dire, les règles qui ont les mêmes antécédents **IF** mais de différentes conséquences **THEN**.

Pour résoudre ce conflit on doit attribuer un degré d'appartenance à chaque règle produite des paires de données, et accepter seulement la règle d'un groupe de conflit qui a le degré d'appartenance max.

De cette façon non seulement le problème de conflit est résolu, mais également le nombre de règles est considérablement réduit.

Nous employons la stratégie suivante pour attribuer un degré à chaque règle :

Pour la règle suivante:

$$\text{"IF } x_1 \text{ is } \mathbf{A} \text{ and } x_2 \text{ is } \mathbf{B}, \textbf{THEN } y \text{ is } \mathbf{C"}$$

Le degré de cette règle, dénoté par D (rule), est défini comme :

$$D(rule) = \mu_A(x_1)\mu_B(x_2)\mu_C(y) \qquad \textbf{(IV.2)}$$

Comme exemple, la règle 1 a le degré d'appartenance:

$$D(rule1) = \mu_{B1}(x_1)\mu_{S1}(x_2)\mu_{CE}(y) = 0.8 * 0.7 * 0.9 = 0.504 \qquad \textbf{(IV.3)}$$

Dans la pratique, nous avons souvent quelques informations à priori sur les échantillons de données. Par exemple, si nous laissons au contrôleur expert de donner des paires de données, l'expert se permet de suggérer que certaines sont très utiles et cruciales, mais d'autres sont très peu acceptables et puissent être provoquées par des erreurs de mesure.

Nous pouvons donc attribuer un degré d'appartenance à chaque paire de données qui représente notre croyance de son utilité. Dans ce sens, les paires de données constituent un ensemble flou, une paire de données appartienne à cet ensemble a un degré d'appartenance assigné par un expert humain.

Supposons que la paire de données $\left(x_1^{(1)}, x_2^{(1)}; y^{(1)}\right)$ a le degré $\mu^{(1)}$, puis nous redéfinissons le degré d'appartenance de la règle 1 :

$$D(rule1) = \mu_{B1}(x_1)\mu_{S1}(x_2)\mu_{CE}(y)\mu^{(1)} \qquad \textbf{(IV.4)}$$

Cette tâche est importante dans les applications pratiques, puisque les données numériques réels ont de différentes fiabilités, par exemple, quelques données réelles peuvent être très mauvaises, pour de bonnes données, nous assignons des degrés d'appartenances plus élevés, et pour de mauvaises données, nous assignons des degrés d'appartenances inférieurs. De cette façon, l'expérience humaine au sujet des données est employée dans une base commune en tant qu'autre source d'information.

Si on ne veut pas qu'un humain juge les données numériques, la stratégie fonctionne toujours en plaçant tous les degrés d'appartenances des paires de données égales à l'unité.

Étape 4 : créer une base de règle floue combinée

Une base de règles floues combinée est composée de règles des produits des données numériques et des règles linguistiques (nous supposons qu'une règle linguistique a également un degré d'appartenance qui est assigné par l'expert humain et reflète la croyance de l'expert sur l'importance de la règle). S'il y a plus d'une règle activée en même temps, celle qui a le degré d'appartenance maximum sera sélectionnée. De cette façon les informations numérique et linguistique, sont codifiées dans une base de règles floue combinée. Si une règle linguistique est en "**AND**" (*ET*), elle remplit seulement une case de la base de règles floues. Cependant, si une règle linguistique est en "**OR**" (*OU*) (c'est à dire, une règle pour laquelle la partie **THEN** est active si n'importe quel état de la partie **IF** est satisfait), elle remplit toutes les cases dans les colonnes correspondant aux régions de la partie **IF**.

Prenant par exemple la règle linguistique :
"**IF** x_1 is S1 **OR** x_2 is CE, **THEN** y is B2"

Pour la base des règles floues (matrice d'inférence) représentée par la figure (IV.5) ; alors nous remplissons sept cases dans la colonne de **S1** et cinq cases dans la ligne de **CE** par **B2**. Le degré de **B2** dans cette case est égal au degré de ce "**OR**" règle.

	B3			x			
	B2			x			
	B1			x			
X_2	CE			x			
	S1	x	\	x	x	x	
	S2			x			
	S3			x			
Y		S2	S1	CE X_1	B1	B2	

Figure IV.5 : La forme d'une base de règles floues.

Étape 5 : détermination de la fonction de commande

La stratégie de déffuzification suivante est employée pour déterminer la sortie (c'est-à-dire la commande y) pour les entrées données (x_1, x_2) :

D'abord, pour les entrées données (x_1, x_2), nous combinons les antécédents de la $i^{ième}$ règle floue en utilisant l'opération du *produit* pour déterminer le degré d'appartenance μ_{Oi}^i de la sortie c'est-à-dire la commande correspondante à (x_1, x_2),

$$\mu_{Oi}^i = \mu_{I_1^i}(x_1) \mu_{I_2^i}(x_2) \qquad (IV.5)$$

Où O_i dénote la région (sous-ensemble flou) de sortie de la règle *i*, et I_i^j la région d'entrée de la règle *i* pour le $j^{ième}$ composant, par exemple, la règle 1 donne :

$$\mu_{CE}^1 = \mu_{B1}(x_1) \mu_{S1}(x_2) \qquad (IV.6)$$

Puis, nous employons la formule suivante de défuzzification pour déterminer la sortie (*la commande*) :

$$y = \frac{\sum_{i=1}^{K} \mu_{Oi}^i \bar{y}^i}{\sum_{i=1}^{K} \mu_{Oi}^i} \qquad (IV.7)$$

Où $\bar{y}^i$ dénote la valeur centrale de la région O_i (le centre de gravité du sous-ensemble flou de la variable de sortie associée à la règle *i*), et *K* est le nombre de règles floues.

IV.8.2 Système flou et approximation universelle

Le procédé de cinq étapes présenté produit un système flou, c'est à dire, un générateur d'espace de sortie à partir des d'entrées.
Pour le cas d'une seule sortie et deux entrées.
En utilisant les notations simplifiées, nous réécrivons (IV.6) et (IV.7), pour le cas général pour une sortie et n entrées, en tant que :

$$\mu^i = \prod_{1 \leq j \leq n} [\mu_j^i(x_j)] \qquad (IV.8)$$

$$f(x) = \frac{\sum_{i=1}^{K} \overline{y}^i \mu^i}{\sum_{i=1}^{K} \mu^i} = \frac{\sum_{i=1}^{K} \overline{y}^i \prod_{1 \leq j \leq n} \left[\mu_j^i(x_j)\right]}{\sum_{i=1}^{K} \prod_{1 \leq j \leq n} \left[\mu_j^i(x_j)\right]} \qquad \textbf{(IV.9)}$$

Où μ_j^i est la fonction d'appartenance de la $i^{\text{ème}}$ règle pour le $j^{\text{ème}}$ composant du vecteur d'entrée, et $\overline{y}^i$ est la valeur centrale de la région de sortie de la $i^{\text{ème}}$ règle.

Le système flou produit, c'est à dire, (IV.9), peut garantir une approximation universelle d'un ensemble compact $Q \subset R^n$ à R, c'est à dire, il peut rapprocher n'importe quelle fonction réelle continue définie en Q avec n'importe quelle précision, où l'ensemble compact Q est défini par :

$$Q = [a_1, b_1] \times [a_2, b_2] \times \ldots \times [a_n, b_n] \qquad \textbf{(IV.10)}$$

Pour une rationnelle convenance d'écriture, nous représentons la règle i $(i=1,2,\ldots,K)$ dans la base de règles floues comme :

"IF x_1 is RG_1^i, x_2 is RG_2^i, …, x_n is RG_n^i, THEN y is RG_0^i"

Où RG_j^i $(j=1,2,\ldots,n)$ dénote la région pour le $j^{\text{ème}}$ antécédent de l'entrée de la règle i et RG_0^i dénote la région de sortie de la règle i.

Soit F la famille des fonctions de la forme de (IV.9) dans l'ensemble compact Q.

Il y a trois facteurs qui déterminent un membre de F :

1. la définition des régions floues, c'est à dire, comment définir et diviser les intervalles du domaine.
2. la forme spécifique de fonctions d'appartenance μ_j^i.
3. les rapports des états spécifiques des règles dans la base des règles floues.

En fixant les régions floues, des fonctions d'appartenance, et les règles floues, nous obtenons un élément de F. Si *f1* et *f2* sont des éléments différents de F, au moins un des trois facteurs pour *f1* et *f2* doit être différent.

Pour analyser la famille F, les hypothèses suivantes sont considérées pour ces trois facteurs:

Hypothèse 1 :

Les régions floues pour les espaces d'entrée et de sortie peuvent être arbitrairement définies.

Hypothèse 2 :

Les fonctions d'appartenances μ_j^i doivent satisfaire la contrainte suivante :

$$\mu_j^i(x_j) \neq 0 \quad pour \quad \begin{cases} x_j \in RG_j^i \\ i = 1, 2, \ldots, K \\ j = 0, 1, \ldots, n \end{cases} \qquad \textbf{(IV.11)}$$

Hypothèse 3 :

N'importe quelle règle peut être assignée dans n'importe quelle case de la base de règles floues.

Pour analyser les propriétés de la famille *de la fonction F*, nous devons d'abord établir l'approximation définie par (IV.9), c'est à dire, pour n'importe quelle entrée $x \in Q$, (IV.9) produit un résultat $f(x) \in R$.

Les deux lemmes suivants donnent des conditions suffisantes pour que (IV.9) soit bien défini.

Lemme 1 : Si toutes les fonctions d'appartenance μ_j^i sont différentes de zéro, et il y a au moins une règle dans la base de règles floues, alors la commande de Q à R est bien défini.

Lemme 2 : Si chaque case dans la base de règles floues a une règle liée à elle, c'est à dire, il n'y a aucune case vide dans la base de règles floues, la commande de Q à R est bien définie sous l'hypothèse2.

Dans la pratique, l'espace d'entrée est de dimension très élevé, tandis que les règles pertinente déduites de paire de données ou celle de l'expert sont souvent tout à fait limitées; en conséquence, beaucoup de cases de la base de règles floues peuvent être vides.

Cependant, il est possible de remplir ces cases vides basées sur les règles limitées en utilisant la méthode de Wang et Mendel, spécifiquement les étapes 1-4 sont d'abord employées pour produire une base de règles floues basée sur les paires limitées de données et les règles linguistiques; puis, la sortie (*la commande*) pour une certaine entrée typique pour laquelle la case dans la base de règles floues est vide peut être déterminée sur la base limitée de règles floues. En conclusion, la gamme dans laquelle la sortie a le degré maximum est assignée dans la case vide comme nouvelle règle.

Ceci peut être un procédé itératif, c'est à dire, quand une nouvelle règle est produite, cette dernière et les règles existantes sont combinées. Nous pouvons commencer le procédé des cases vides qui sont les voisins les plus proches des cases occupées; de cette façon, la base de règles floues augmente jusqu'à ce que toutes les cases soient remplies.

Ce procédé fonctionne toujours si nous choisissons les régions différentes de zéro des fonctions d'appartenance.

IV.9 La modélisation floue

La modélisation floue (MF), signifie modéliser un processus en représentant son comportement dynamique à l'aide d'un système basé sur les règles floues, en se servant d'un langage descriptif qui est la logique floue.

Un des domaines les plus importants est la MF *linguistique*, où l'interprétation du modèle obtenu est l'objectif principal. Cette tâche est développée au moyen de systèmes flous linguistiques, utilisant des règles floues composées de variables linguistiques [Zad.76]. Ainsi, le modèle linguistique flou se compose d'un ensemble de descriptions linguistiques concernant le comportement du système modélisé [Sug.93].

Les règles floues obtenues par apprentissage peuvent être affinée par ajustement en utilisant les algorithmes génétiques. En effet un ajustement pour une situation donnée peut apparaître médiocre pour une autre. La méthode d'apprentissage utilisée pour générer les règles permet de présenter un grand nombre d'échantillons issus de différent cas de figure, et la prise en compte de ces derniers donne la possibilité de commander facilement notre système.

Chacune de ces règles floues linguistiques peut être représentée par deux niveaux de description différents en définissant deux structures [Zad.94].

Structure surface : C'est une description moins spécifique et implique de définir la règle sous sa forme symbolique comme une relation entre les variables linguistiques
d'entrées et de sorties.

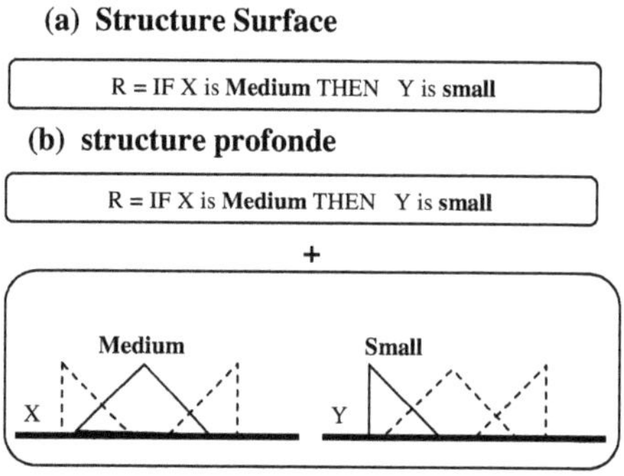

(a) Structure Surface

> R = IF X is **Medium** THEN   Y is **small**

(b) structure profonde

> R = IF X is **Medium** THEN   Y is **small**
>
> +
>
> Medium   Small
> X /\ /\   Y /\/\/\

Figure IV.6 : Deux manières différentes de définir une règle floue linguistique.

(a) *Structure surface* = représentation symbolique

(b) *Structure profonde* = représentation symboliques+formes des fonctions d'appartenances

Structure profonde : C'est une description plus spécifique qui comprend la structure surface ainsi que les définitions des fonctions d'appartenances associées aux termes linguistiques des variables.

Un des problèmes les plus importants dans les applications de la logique floue est l'obtention automatique de ces structures à partir d'informations numériques (les données d'entrée-sortie) représentant le comportement du système réel.

Des méthodes automatiques nombreuses, basées sur différentes techniques telles que les réseaux neuro-floue [Nau.97], [Ful.00] et les algorithmes génétiques [Cor.01], ont été développées pour accomplir cette tâche. Un des buts cruciaux qui émerge pendant la conception d'un modèle flou, est d'obtenir un modèle précis et compréhensible. En effet, la modélisation floue vient habituellement avec deux conditions contradictoires au modèle obtenu :

L'interprétation : possibilités d'exprimer le comportement du système réel d'une manière compréhensible.

La précision : possibilités de représenter exactement le système réel.

Actuellement, une des matières les plus prometteuses de recherches dans la modélisation floue se relie avec la recherche d'un bon compromis entre l'interprétation et la précision [Cas.03], [Cas.03a].

Pour cela, différents mécanismes sont employés pour améliorer la précision et l'interprétation, et ils sont correctement rassemblés pour atteindre le but désiré. L'idée proposée par [Cas.05], permet d'obtenir automatiquement des modèles flous satisfaisants.

La structure surface est ajustée avec *des modificateurs linguistiques* tandis que le reste de la structure profonde est réglée en changeant les fonctions d'appartenance.

L'emploi des modificateurs linguistiques garantis l'évitement d'une perte excessive d'interprétation puisque les changements qu'elles effectuent ont une signification claire.

D'autre part, les fonctions d'appartenance sont ajustées avec une contrainte d'optimisation (qui évite l'obtention des déformations excessives des partitions floues) combinée avec les facteurs d'échelle non linéaires qui préservent les supports des ensembles flous.

IV.9.1 Processus d'ajustement

Il y a deux approches de modélisation floue selon l'objectif principal à considérer.

• **Modélisation floue linguistique**, principalement développé par les systèmes flous linguistiques (*Mamdani*), est concentrés sur l'interprétation.

• **Modélisation floue précise**, principalement développé par *Takagi-Sugeno*, est concentrée sur la précision.

Un arrangement commun est suivi pour atteindre l'équilibre désiré entre l'interprétation et la précision. La figure (IV.7) montre graphiquement ce mode d'opération.

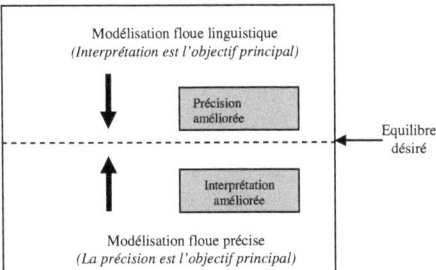

Figure IV.7 : Améliorations de l'interprétation et de la précision dans la modélisation floue

Premièrement, l'objectif principal (interprétation ou précision) est abordé en définissant une structure spécifique du modèle à employer, en utilisant la modélisation floue pour l'obtenir.

Puis, les composantes du modèle (la structure et/ou le processus de modélisation) sont améliorées aux moyens de différents mécanismes pour compenser la différence initiale entre les deux conditions suivantes:

- L'optimisation des fonctions d'appartenances sera restreinte et des facteurs d'échelle non linéaires contraints seront employés.
- La structure des règles sera flexibilisée en ajoutant des modificateurs linguistiques.

IV.9.2 Ajustements des structures surfaces et profondes

On distingue deux approches différentes pour obtenir automatiquement un modèle flou :

processus d'apprentissage : la tâche principale est d'obtenir directement la surface des règles floues [Wan.92], [Thr.91] ou les structures profondes [Set.00] à partir des données disponibles.

Processus d'ajustement : Il assume l'existence d'une définition précédente pour les deux structures, soit par un apprentissage ou par des experts, et les ajustent avec des modifications légères pour augmenter les performances du système.

Une contribution vise à présenter une méthode génétique qui ajuste entièrement les structures profondes en utilisant différentes manières pour changer les significations des termes linguistiques, ainsi que l'intégration des modificateurs linguistiques dans les règles floues proposée par [Cas.05].

a) Ajustement de la structure surface en employant les haies linguistiques

Il est possible d'exécuter des opérations logiques *(une haie linguistique ou modificateur linguistique)* sur les limites d'un ensemble flou. On parle de frontières linguistiques, la signification de l'ensemble s'en trouve modifiée. Nous en citons quelques-unes :

La compression : cette opération rend plus raides les limites de l'ensemble flou en prenant le carré du degré d'appartenance. Elle est associée au terme linguistique *très*.

$$\mu_{con(A)}(x) = \mu_A(x)^2 \qquad \textbf{(IV.12a)}$$

La dilution : cette opération adoucit la pente des limites, elle les rend plus floues. Elle est liée aux termes linguistiques *plus ou moins (more-or-less)*. Elle consiste à prendre la racine carrée du degré d'appartenance.

$$\mu_{dil(A)}(x) = (\mu_A(x))^{1/2} = \sqrt{\mu_A(x)} \qquad \textbf{(IV.12b)}$$

Les effets de ces opérations sur une fonction d'appartenance triangulaire sont représentés par la figure (IV.8).

La structure surface peut être ajustée en ajoutant les haies linguistiques mentionnées aux règles floues linguistiques, ce qui change leur forme symbolique.

Par exemple, de la règle :

"*IF X_1 is high and X_2 is good, THEN Y is small*"

La règle ajustée peut être :

"*IF X_1 is very high and X_2 is good, THEN Y is more-or-less small*"

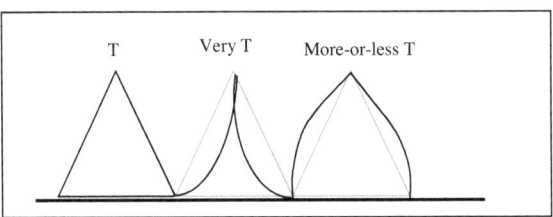

Figure IV.8 : Effets des haies linguistiques "very" et "More-or-less"

b) L'ajustement de la structure profonde

L'ajustement de la structure profonde, implique en plus d'ajuster la structure surface, et adapter la caractérisation des fonctions d'appartenances associées aux termes linguistiques primaires considérées dans le système.

Pour changer les formes des fonctions d'appartenance (c'est à dire, la signification des termes linguistiques), on doit changer les paramètres qui les déterminent.
Nous pouvons principalement distinguer deux approches différentes d'ajustement :

1. *Changement des paramètres de base* [Kar.91], [Cor.97], [Jin.99], [Nau.99] : l'ajustement des fonctions d'appartenance s'effectue en changeant leurs paramètres de base, [voir la figure (IV.9, a)].

2. *En utilisant les facteurs de graduation non linéaires* [Cor. 98], [Liu 01] : des expressions alternatives plus flexibles sont considérées pour les fonctions d'appartenances servant à changer le degré de compatibilité des ensembles flous. Par exemple, une nouvelle fonction d'appartenance peut être obtenue en soulevant le degré d'appartenance à la puissance α, qui est un paramètre positif définissant une fonction de graduation non linéaires, c'est à dire :

$$\mu'_T(x) = (\mu_T(x))^\alpha, \quad \alpha \in R^+ \qquad \text{(IV.13)}$$

Dans ce cas, le processus d'ajustement implique l'adaptation des paramètres pour améliorer les performances du système. Figure (IV.9, b) montre l'effet de cette approche

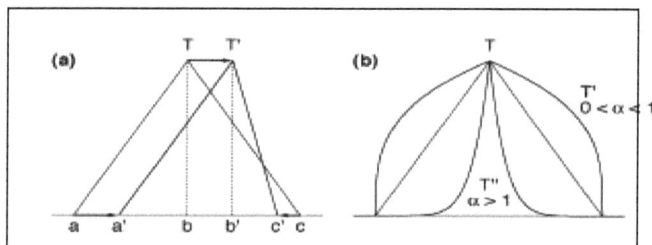

Figure IV.9 : Deux genres d'ajustement de la forme de la fonction d'appartenance.

(a) Ajustement en changeant les paramètres de base de la fonction d'appartenance.
(b) Ajustement en employant des facteurs de graduation non linéaires

IV.10 Processus d'ajustement génétique des structures surfaces et profondes

Un processus d'ajustement basé sur les algorithmes génétiques a été suggérés par [Cas.05] pour adapter conjointement les fonctions d'appartenances en changeant leurs paramètres de base et additionnels, et l'adaptation de précision de la structure surface des règles en utilisant les modificateurs linguistiques.

L'ajustement commence à partir d'une base de connaissance prédéfinie (base de données + base de règles) obtenue par une méthode d'apprentissage ou fourni par des experts.

IV.10.1 Processus Génétique

La proposition d'ajustement génétique est caractérisée comme suit :
- L'objectif (fonction d'évaluation « fitness ») sera de réduire au minimum *l'erreur moyenne quadratique* (MSE) :

$$MSE = \frac{1}{2.N} \sum_{l=1}^{N} \left(F(x^l) - y^l \right)^2 \qquad \textbf{(IV.14)}$$

Avec N est la taille des données, $F(x^l)$ est la sortie obtenue à partir du système flou considéré pour l'exemple l, y^l est la sortie désirée.

- Un triple code $(CS_P + CS_A + CS_L)$ est employé. CS_P Codera les paramètres de base de la fonction d'appartenance, CS_A les paramètres de fonction d'appartenance (c'est-à-dire, les facteurs de graduation non linéaires), et CS_L les haies linguistiques introduites dans les différentes règles. Par conséquent, CS_P et CS_A sont employés pour ajuster la sémantique des structures profondes et CS_L pour ajuster la structure surface. La figure (IV.10) montre graphiquement cet arrangement.

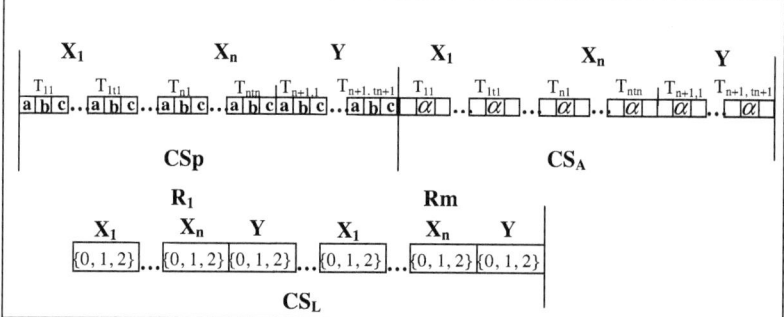

Figure IV.10 : Codage du chromosome

Avec n est le nombre de variables d'entrée, T_{ij} étant le $j^{ième}$ terme linguistique de la $i^{ième}$ variable (avec n + 1 variable de sortie). t_i Le nombre de termes linguistiques de la $i^{ième}$ variable, et m le nombre de règles floues linguistiques.

Pour la section CS_P, un triplet de valeurs réelles pour chaque fonction d'appartenance de forme triangulaire est employé, donc la base de données est codée dans un chromosome construit par des valeurs réelles en liant les fonctions d'appartenance impliquées dans chaque partition floue. Un intervalle de variation est défini pour chaque paramètre de base.

Pour la section CS_A, un chromosome des valeurs réelles qui code la valeur du paramètre additionnel α pour chaque fonction d'appartenance est employé. Chaque gène peut prendre n'importe quelle valeur dans l'intervalle [-1, 1] avec la relation suivante entre les allèles et la valeur réelle :

$$c_{ij}^A \in [-1,0] \longleftrightarrow \alpha \in [\min, 1]$$
$$c_{ij}^A \in [0,1] \longleftrightarrow \alpha \in [1, \max]$$

(IV.15)

$$\text{Avec} \quad \min = \frac{\log(0.5)}{\log(s_\alpha)} \quad \max = \frac{\log(0.5)}{\log(1-s_\alpha)}$$

C_{ij}^A est le gène associé à la fonction d'appartenance pour le $j^{ième}$ terme linguistique de la $i^{ième}$ variable, et $S_\alpha \in [0,0.5]$ est un paramètre qui définit le degré de flexibilité a accordé à l'ajustements des fonctions d'appartenances ($S_\alpha = 0$ pour une flexibilité maximum et $S_\alpha = 0.5$ pour une flexibilité minimum, c'est à dire aucun ajustement).

Dans ce travail, nous fixons cette valeur à $S_\alpha = 0.1$ (les formes extrêmes de fonction d'appartenance permises avec cette valeur sont présentées sur la figure (IV.9, b)).

Pour la section CS_L, le codage générer est construit de $m \cdot (n+1)$ nombre entier avec m est le nombre de règles et n est le nombre de variables d'entrées. Chaque gène peut prendre n'importe quelle valeur dans l'ensemble {0, 1, 2} avec la correspondance suivante à la haie linguistique utilisée :

$c_{ij}^L = 0$ ⟷ La haie linguistique very est employée
$c_{ij}^L = 1$ ⟷ Aucune haie linguistique n'est employée
$c_{ij}^L = 2$ ⟷ More-or-less haie linguistique est employé

c_{ij}^L est le gène associé au terme linguistique utilisé dans la $j^{ième}$ variable de la $i^{ième}$ règle.

Figure (IV.11) illustre le processus d'ajustement génétique :

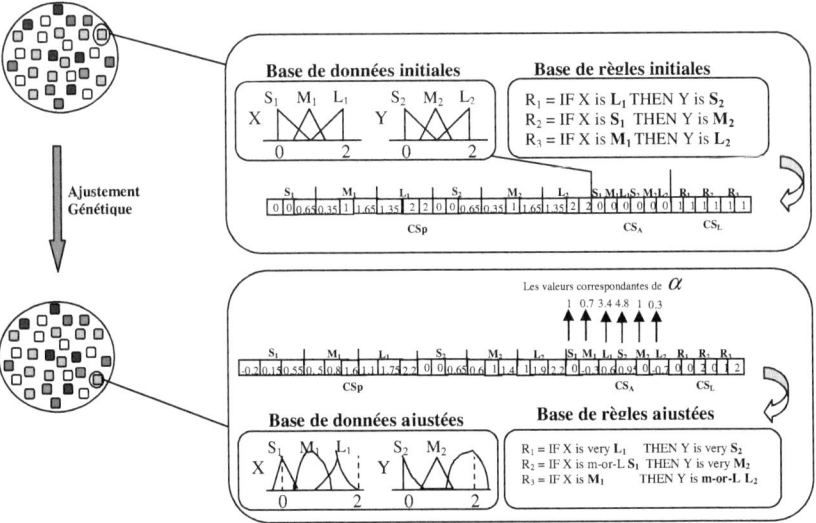

Figure IV. 11 : Exemple du processus d'ajustement génétique pour trois règles floues

L'algorithme génétique employé dans différentes structures selon les branches du chromosome considéré, les plus intéressant sont ceux qui ajustent la totalité de la structure profonde et combinent la graduation non linéaire avec le changement des paramètres de fonctions d'appartenances, c'est à dire, les branches $CS_P + CS_L$ (PL -ajustement) ou les branche $(CS_P + CS_A + CS_L)$ (Pal - ajustement).

IV.10.2 Composantes Génétiques

La méthode d'ajustement génétique a les composantes suivantes :

a) Population

Dans la population initiale, une partie d'information originale dans la base de connaissance initiale sera mélangée avec des valeurs aléatoires.

Dans la section CS_P les valeurs réelles (originale) seront directement introduites.

Pour la section CS_A, les valeurs originales dépendront de l'utilisation de ces paramètres dans la base de connaissance initiale ou non. Si oui, les paramètres α seront codés; sinon, l'allèle 0 (qui signifie que $\alpha = 1$) sera employé.

Pour la partie CS_L, les modificateurs utilisés dans la base de connaissance initiale sont codés. Si aucune haie linguistique n'était précédemment considérée, les allèles 1 seront employés.

Les quatre étapes suivantes sont considérées pour l'initialisation de la population.

1. un chromosome où les gènes dans CS_P, CS_A et CS_L coderont directement les valeurs correspondantes à la base de connaissance originale.

2. un tiers de la population est produit avec la branche CS_P codée aléatoirement dans l'intervalle de variation pour chaque gène, tandis que CS_A et CS_L coderont les valeurs initiales.

3. un autre tiers de la population est produit avec des valeurs originales dans CS_P, des allèles aléatoires (dans l'intervalle [-1, 1]) pour CS_A, et des valeurs originales dans la branche CS_L

4. les chromosomes restants sont produits avec les valeurs originales de la base de données dans les parties CS_P et CS_A, et des allèles aléatoires (dans l'ensemble {0. 1. 2}) dans la partie CS_L.

b) Opérateur de croisement

L'opérateur de croisement dépendra de la partie du chromosome où il est appliqué.

Dans les parties CS_P et CS_A, le croisement max-min arithmétique [Her. 97] est considéré. Si $(c_1,\ldots,c_k,\ldots,c_H)$ et $(c_1',\ldots,c_k',\ldots,c_H')$ vont être croisé, les quatre fils suivants sont produits :

$$\begin{aligned} C_1^{t+1} &= aC_w^t + (1-a)C_v^t \\ C_2^{t+1} &= aC_v^t + (1-a)C_w^t \\ C_3^{t+1} \ &\text{avec}\ c_{3,k}^{t+1} = \min\{c_k, c_k'\} \\ C_4^{t+1} \ &\text{avec}\ c_{4,k}^{t+1} = \max\{c_k, c_k'\} \end{aligned} \qquad \textbf{(IV.16)}$$

Le paramètre $a \in [0, 0.5]$ est défini. Notant que l'intervalle de variation de chaque gène ne sera jamais excédé en raison de $\min\{c_k, c_k'\} \le c_{i,k}^{t+1} \le \max\{c_k, c_k'\}$, $\forall\ i \in \{1,2,3,4\}$

c) Opération de mutation

L'opérateur de mutation dépendra également de la branche du chromosome où il est appliqué.

Dans les parties CS_P et CS_A, un opérateur de mutation uniforme est considéré. Il implique de changer la valeur du gène choisi par une autre aléatoirement produit dans l'intervalle correspondant.

Dans *la partie* CS_L, l'opérateur de mutation change le gène en allèle 1 quand un gène avec les allèles 0 ou 2 doit être muté, et aléatoirement en 0 ou 2 quand un gène avec l'allèle 1 doit être muté.

Une fois qu'un chromosome a été choisi pour être muté, un gène aléatoirement choisi de chaque partie est changé par son opérateur correspondant.

d) Opération de sélection

Un algorithme génétique avec le procédé de prélèvement universel stochastique de Baker [Bak.87] ainsi que l'élitisme (qui assure le choix du meilleur individu de la génération précédente) est considéré.

IV.10.3 l'Interprétation de la méthode d'ajustement

Le processus d'ajustement est conçu pour rendre la définition des modèles flous linguistiques rigide et plus flexible dans le but d'augmenter la précision.

Néanmoins, quelques aspects sur l'interprétation doivent être considérés dans le but de préserver une lisibilité appropriée des modèles linguistiques ajustés.

a) Compréhensibilité des fonctions d'appartenance

Une fonction d'appartenance est compréhensible tant que la signification du terme linguistique associée est facile à comprendre, cette mesure est fortement subjective. Nous pourrions dire que l'utilisation de la fonction d'appartenance avec une forme correcte "vérifiant la contrainte $a \leq b \leq c$" et une similitude raisonnable avec la définition initiale (avant l'ajustement).

La méthode d'ajustement aborde cette question de contrainte sur l'optimisation de chaque gène dans les branches CS_P et CS_A. Les paramètres de base de la fonction d'appartenance (partie CS_P) sont contraints par des intervalles de courtes variations. La figure (IV.13) montre un exemple de l'intervalle considéré pour chaque paramètre.

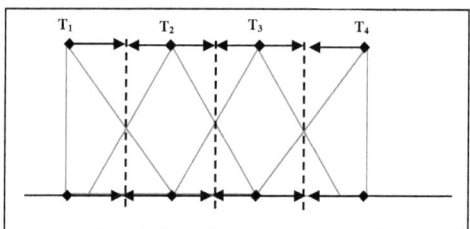

Figure IV.13 : Intervalles de variation pour chaque paramètre de la fonction d'appartenance pour préserver les ensembles flous significatifs.

D'autre part, les facteurs de graduation non linéaires (partie CS_A) sont contraints pour éviter la forme carré excessive (quand $\alpha \to 0$) ou la forme singleton (quand $\alpha \to \infty$) des fonctions d'appartenance. La figure (IV.9, b) montre le maximum et le minimum de graduation non linéaire permis par la méthode.

b) Perfection des structures profondes

Un système serait complet quand un degré supérieur à zéro est obtenu pour n'importe quelle valeur multidimensionnelle d'entrée.

La méthode d'ajustement ne change pas la complétude des structures surface initiales (définies avant d'appliquer le processus d'ajustement). Par conséquent, la perfection sera déterminée *à priori* par la méthode d'apprentissage employée pour produire le modèle initial ou par les connaissances fournies par des experts.

Cependant, les changements des paramètres de base de la fonction d'appartenance dans les structures profondes impliquent la chance de perdre la perfection.

c) La compacité de la structure surface

Cet aspect important affecte l'interprétation du modèle flou linguistique. Il comporte l'utilisation d'un nombre réduit de règles afin de rendre le modèle facilement lisible.

Il est clair que le processus d'ajustement ne change pas le nombre de règles floues linguistiques du modèle initial. Généralement, l'utilisation d'un nombre excessif de règles est provoquée par le besoin d'atteindre une précision acceptable.

Pour le faire, les approches d'apprentissage classiques augmentent le nombre de termes linguistiques pour améliorer l'approximation des ensembles de données, par conséquent le nombre de règles augmente aussi.

Cependant, la méthode d'ajustement change correctement les formes des fonctions d'appartenances et donc améliore la précision. Le cas de l'utilisation d'un premier modèle avec un nombre réduit de règles est recommandé puisqu'il implique d'avoir un bas degré de précision au commencement.

d) La consistance de la structure surface

Ce concept est lié avec le manque de cohérence dans la définition des structures surface lorsque des prémisses semblables avec de différentes conséquences sont employées.

Cette matière n'est pas significative dans la méthode d'ajustement puisque les termes primaires assignées à chaque règle floue linguistique ne changent pas, donc, si le modèle initial est consistent, le modèle ajusté demeurera ainsi.

Naturellement, ceci est fait à condition que les fonctions d'appartenances ne deviennent pas fortement semblables pendant le processus d'ajustement. Encore, l'utilisation des intervalles de variation rencontre cette condition quand un modèle initial cohérent est employé.

IV.11 Étude et simulation du processus d'ajustement

L'étude sera concentrée sur l'application de deux processus d'ajustement à un modèle flou pour la commande d'un robot en présence d'obstacle. La méthode bien connue de Wang et de Mendel (WM) [Wan.92] est employée pour dériver les bases initiales des règles, cette dernière agira en tant que module d'apprentissage.

Les deux modes d'ajustement considéré dans cette étude sont montrés graphiquement (figure IV.14).

Cette méthode d'apprentissage était choisie grâce à quelques avantages intéressants dans la conception des deux étages.

D'une part, la méthode de WM obtient le modèle flou linguistique rapidement mais ce modèle n'est plus performant, la phase d'ajustement joue le rôle d'amélioration de la précision.

D'autre part, la méthode de WM produit des règles floues linguistiques à partir des exemples (avec un choix ultérieur pour résoudre les contradictions) au lieu de sous-espaces flous d'entrée, ce qui permet d'obtenir une base compacte de règles avec un nombre réduit de règles [Cas.02].

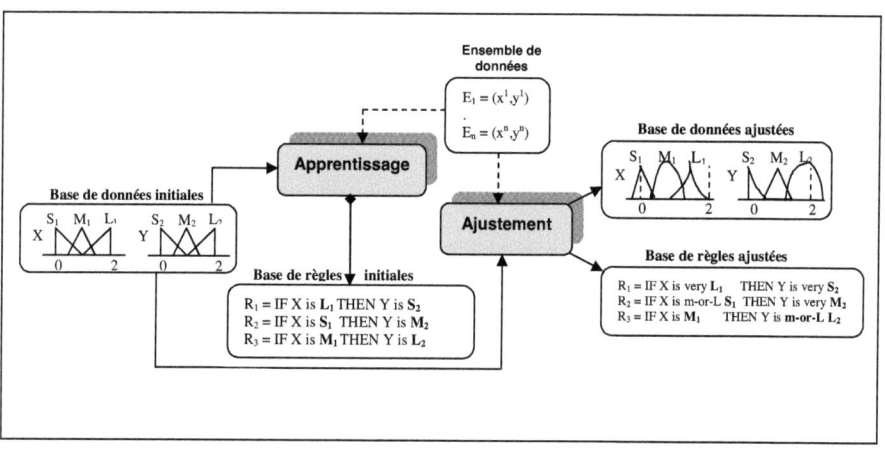

Figure IV.14 : Le processus d'ajustement est effectué dans deux étapes.

Premièrement, une méthode d'apprentissage est employée pour obtenir une base de règles à partir d'une base de données. Deuxièmement une méthode d'ajustement est appliquée.

Dans le but d'exécuter une analyse rigoureuse, on utilise deux structures d'ajustement, la première basée sur le changement des paramètres de base et la seconde basée sur l'application des facteurs de graduation non linéaires.

L'objectif est la conception d'un contrôleur flou capable d'évaluer le vecteur répulsif V_{rep} correspondant à la position relative actuelle de l'obstacle.

Le contrôleur possède deux entrées et une sortie. Les entrées sont l'angle et la distance par rapport à l'obstacle, la sortie est le vecteur répulsif. Pour le robot, l'entrée est l'angle d'orientation β et les sorties sont les deux coordonnées absolues (X_b, Y_b) et la direction (θ_b).

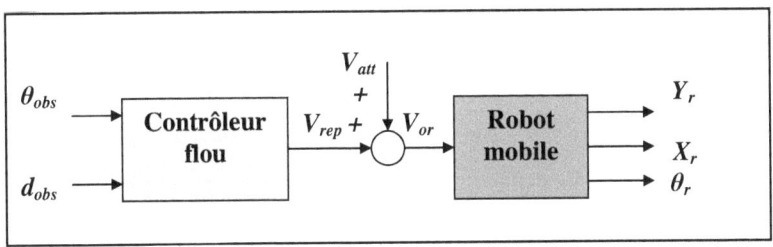

Figure IV.14 Entrées / sorties du contrôleur

La méthode de Wang et Mendel est employée pour générer les bases initiales des règles. Par conséquent, la méthode de WM agira en tant que module d'apprentissage. D'abord, lorsque l'on modélise ou lorsque l'on contrôle un système, on utilise souvent un signal d'erreur pour adapter les paramètres du système flou utilisé jusqu'à ce qu'un critère prédéfini soit satisfait. Il y a cependant un à priori capital à cette démarche. Avant d'ajuster les paramètres du système flou, il faut donc être certain que l'on pourra en définir un suffisamment bon ou suffisamment précis. En d'autres termes, il nous faut surtout pas que, pour une raison ou pour une autre, les systèmes flous considérés soient incapables de représenter certaines fonctions. Sinon, les méthodes d'ajustement seraient, dès l'origine, vouées à l'échec.

Une thématique qui découle de cette question concerne plus particulièrement les démarches de modélisation et d'ajustement des systèmes flous. En effet la méthodologie floue est très riche, elle autorise énormément de choix à chaque étape, comme par exemple, les types de fonction d'appartenance ou encore les opérateurs d'inférence. Si, dans les résultats concernant l'approximation, on peut montrer que certaines classes de systèmes flous sont meilleures dans certain cas, alors l'utilisateur aura déjà des indices pour simplifier la conception du système flou. En commande, les équations de contrôle sont parfois très complexes, notamment en commande optimale. Elles peuvent se révéler inapplicables pratiquement. Il peut donc être très intéressant de chercher à approximer ces solutions par des commandes floues beaucoup plus simples et rapides à calculer. Toutes ces raisons font que la question de l'approximation des fonctions par des systèmes flous est encore d'actualité.

Vu que le système d'apprentissage nécessite une base de données très grande pour couvrir tous les cas qui peuvent être envisager. La solution maintenue pour remédier à ce problème est l'ajustement des paramètres du contrôleur flou.

Le but de l'ajustement est de déterminer la valeur des différents paramètres utilisés de manière à minimiser l'erreur commise par rapport aux ensembles. Ces paramètres peuvent être attachés aux opérateurs de combinaison [Glo.93] ou aux fonctions d'appartenance des différentes données linguistiques.

L'apprentissage des paramètres permet de régler les valeurs des différents paramètres attachés aux fonctions d'appartenance.

Les figures suivantes résument les deux structures du processus d'ajustement :

IV.12 Résultats de simulation

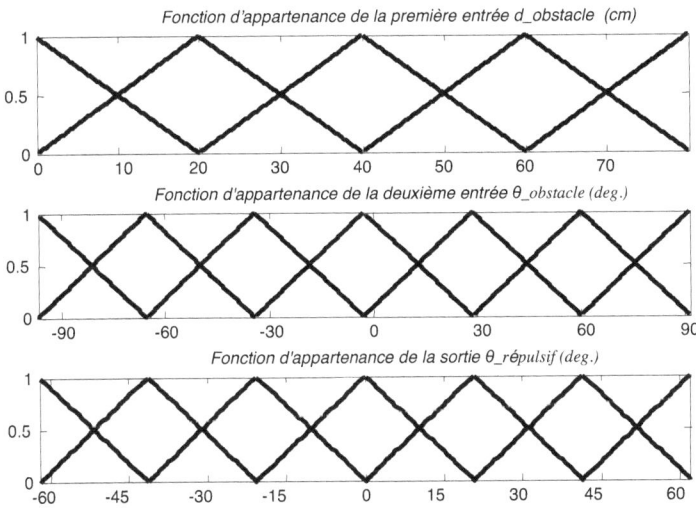

Figure IV.15 des entrées/sortie du contrôleur obtenu par la méthode de WM

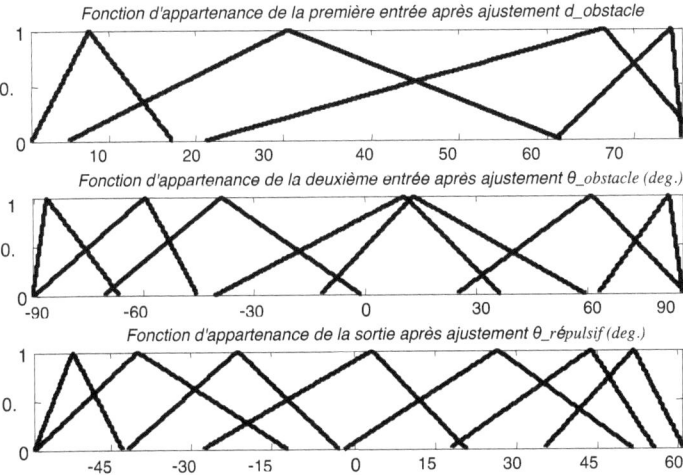

Figure IV.16 Ajustement des paramètres du contrôleur par une méthode basée sur le changement des paramètres de base des fonctions d'appartenance

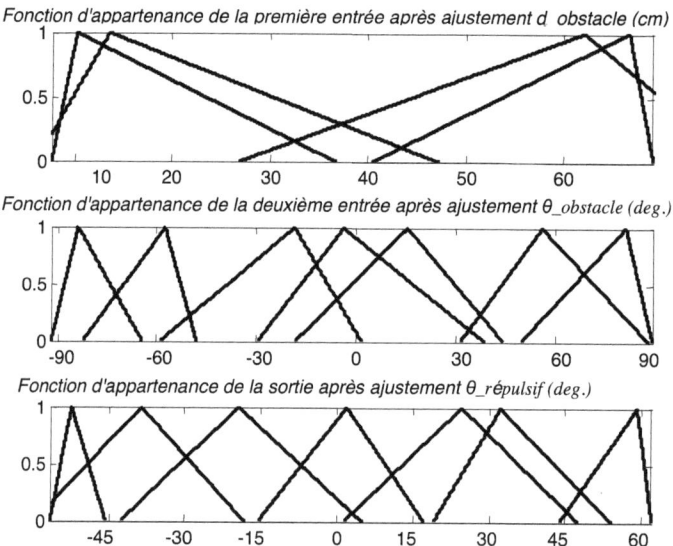

Les figures ci dessus représentent l'ajustement des paramètres du contrôleur après 30 et 50 générations respectivement par une méthode basée sur le changement des paramètres de base des fonctions d'appartenance **figure IV.17**

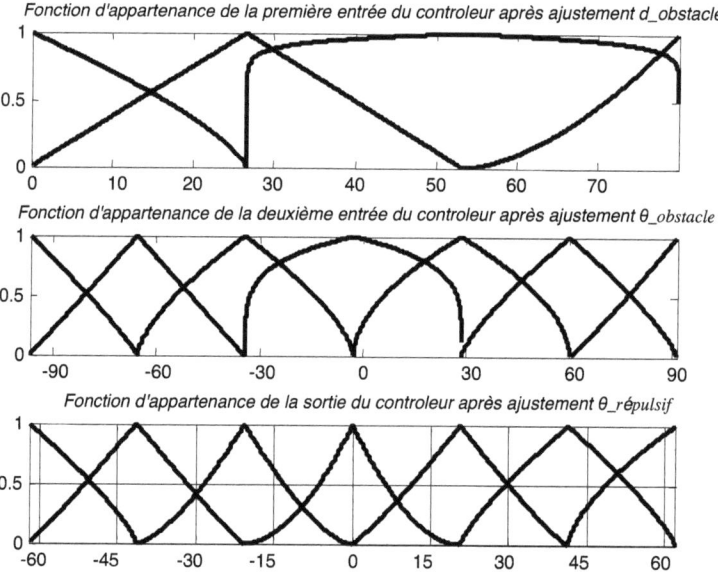

Figure IV.18

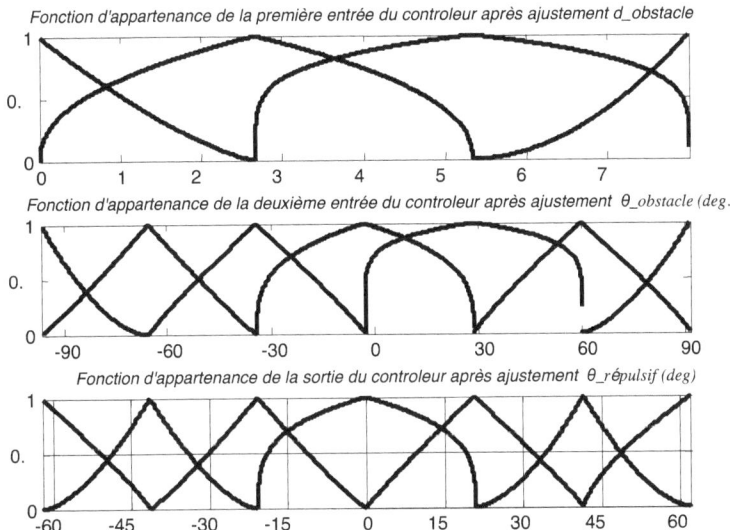

Figure IV.19

Les figures (IV.18 et IV.19) représentent l'ajustement des paramètres du contrôleur par une méthode basée sur l'application des facteurs de graduation non linéaires.

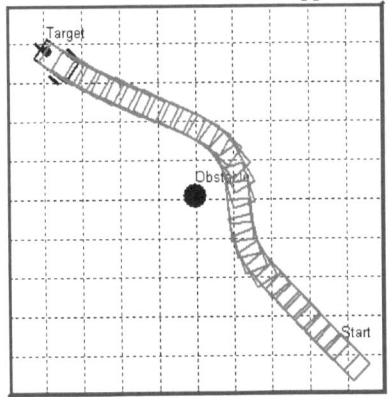
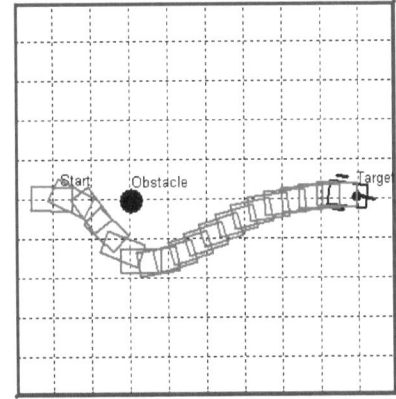

Figure IV.20 *Navigation du robot en présence d'obstacle après ajustement*

Figure IV.21 *Navigation du robot en présence d'obstacle après ajustement*

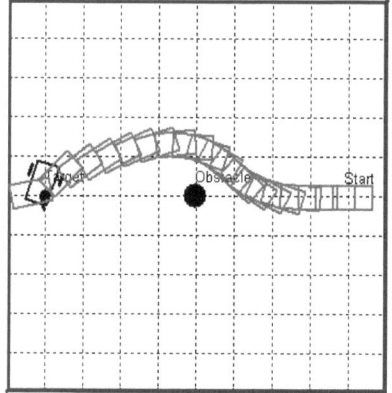 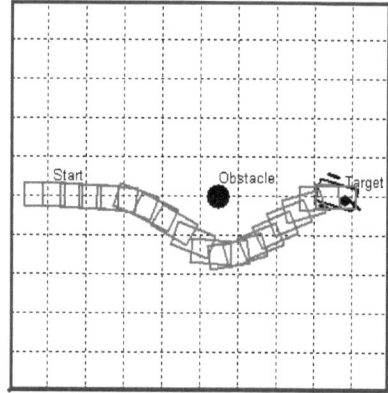

Figure IV.22 *Navigation du robot en présence d'obstacle après ajustement*

Figure IV.23 *Navigation du robot en présence d'obstacle après ajustement*

Les figures (IV.20-23) représentent la navigation du robot mobile en présence d'obstacle par l'utilisation du contrôleur flou ajusté (*ajustement des structures profondes*).

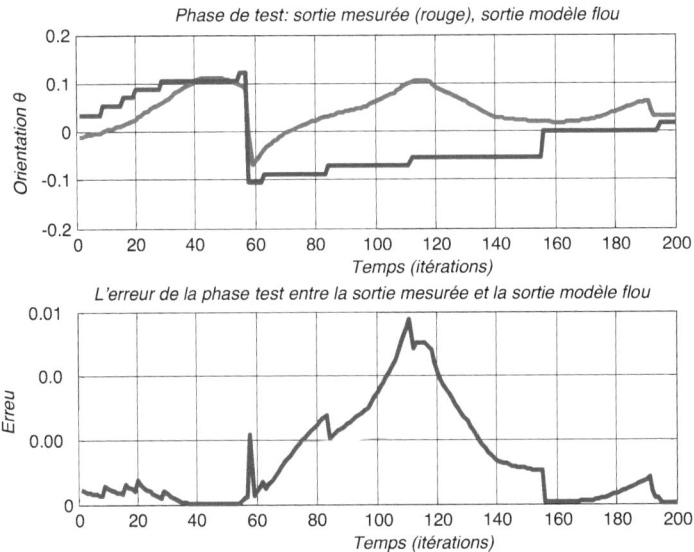

Figure IV.24

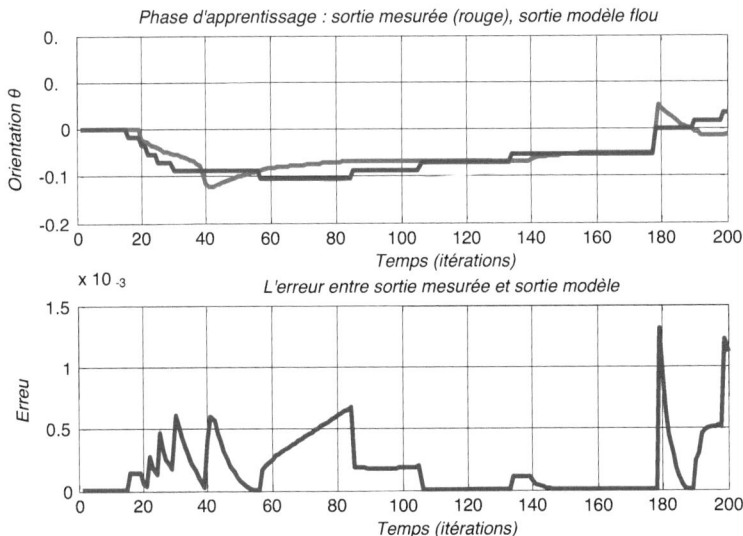

Figure IV.25

Les figures (IV.24 et IV.25) représentent l'erreur entre la sortie du système avant et après apprentissage.

Conclusion :

L'idée principale de l'approche (WM) présentée est de produire des règles floues à partir des échantillons numériques des données, rassembler ces règles floues numériques et les règles floues linguistiques dans une base commune, et en conclusion concevoir un système de commande basé sur cette base combinée de règles floues. Cette méthode d'apprentissage était choisie grâce à quelques avantages intéressants qui deviennent une importance significative dans la conception des deux étages. D'une part la méthode de WM obtient le modèle flou rapidement, mais ce modèle n'est plus performant, la phase d'ajustement joue le rôle pour améliorer sa précision. L'approche de Wang et Mendel est une approche heuristiques, elle dépend uniquement du problème pris en charge et il n'y a aucun cadre pour modéliser et représenter différents aspects des stratégies de commande. D'autre part, la méthode produit des règles floues à partir d'exemples au lieu de sous espaces flous d'entrées, ce qui permet d'obtenir une base compacte avec un nombre réduit de règles. Cette insuffisance apparue clairement dans la conception du contrôleur, les résultats de simulation ne donnent pas toujours des résultats acceptables vu la diversité de l'espace d'entrée-sortie du contrôleur. En effet des réglages fins pour une situation donnée peuvent apparaître médiocres pour une autre. Par conséquent la méthode d'ajustement des paramètres du contrôleur flou par l'application des algorithmes génétiques issue de différents cas de figure, et la prise en compte de ces derniers permet de commander aisément notre robot. Les résultats de simulations obtenus par l'utilisation de l'ajustement des paramètres de bases des fonctions d'appartenances sont très satisfaisants.

basé sur cette base combinée de règles floues. Cette méthode d'apprentissage était choisie grâce à quelques avantages intéressants qui deviennent une importance significative dans la conception des deux étages. D'une part la méthode de WM obtient le modèle flou rapidement, mais ce modèle n'est plus performant, la phase d'ajustement joue le rôle pour améliorer sa précision. L'approche de Wang et Mendel est une approche heuristiques, elle dépend uniquement du problème pris en charge et il n'y a aucun cadre pour modéliser et représenter différents aspects des stratégies de commande. D'autre part, la méthode produit des règles floues à partir d'exemples au lieu de sous espaces flous d'entrées, ce qui permet d'obtenir une base compacte avec un nombre réduit de règles. Cette insuffisance apparue clairement dans la conception du contrôleur, les résultats de simulation ne donnent pas toujours des résultats acceptables vu la diversité de l'espace d'entrée-sortie du contrôleur. En effet des réglages fins pour une situation donnée peuvent apparaître médiocres pour une autre. Par conséquent la méthode d'ajustement des paramètres du contrôleur flou par l'application des algorithmes génétiques issue de différents cas de figure, et la prise en compte de ces derniers permet de commander aisément notre robot. Les résultats de simulations obtenus par l'utilisation de l'ajustement des paramètres de bases des fonctions d'appartenances sont très satisfaisants.

CONCLUSION GENERALE

L'objectif de notre travail est d'accroître l'autonomie de déplacement d'un robot. Cette autonomie a pour but de lui permettre de rejoindre un point quelconque de son environnement de travail tout en évitant les obstacles imprévus. L'évitement d'obstacles est un comportement de base présent dans quasiment tous les robots. Il est indispensable pour permettre au robot de fonctionner dans un environnement dynamique. Ce problème peut être décomposé en deux niveaux distincts :

1. le niveau cartographique chargé de prendre en compte la topologie de l'environnement et de sélectionner un ensemble de chemins appropriés,
2. le niveau géométrique dont le rôle est de gérer les contraintes imposées par le robot et la présence d'obstacle afin de rejoindre le but.

Nous nous sommes plus particulièrement intéressés à ce second aspect du problème.
Rejoindre un point P de l'espace d'évolution signifie que le robot est en mesure :
- de connaître avec suffisamment de précision sa position courante,
- de détecter la présence d'obstacle éventuel le séparant du but (le robot doit pouvoir se déplacer dans un environnement dynamique),
- de trouver le plus court chemin

Le système robotique auquel nous nous sommes intéressés est constitué d'une plate forme munie de deux roues motrices indépendantes et une roue directrice. Le mouvement de rotation de l'ensemble est obtenu en appliquant une commande à la roue directrice.

Un bras robotique nécessite un contrôleur de bras pour coordonner les différents mouvements des moteurs afin d'obtenir la trajectoire souhaitée.

Les commandes ont pour but de lire ou de fournir une position estimée du robot exprimée dans un repère absolu attaché au site, et permettent de contrôler les déplacements linéaires et angulaires en terme de distance. L'objectif du robot est d'atteindre un point de l'espace en évitant les obstacles. Le problème que l'on doit résoudre est de déterminer en fonction des données capteurs quelles commandes doivent être envoyées à chaque instant au robot pour atteindre cet objectif. La plupart des recherches dans ce domaine s'intéressent à la construction de comportements complexes à partir de comportements élémentaires. Nous nous sommes tout d'abord intéressés aux méthodes à base de potentiels comme approche possible. La direction du robot est déterminée en appliquant aux mesures capteurs une fonction classique d'attraction vers le but et de répulsion par l'obstacle. Nous avons cherché à réaliser la transformation perception action non plus à l'aide d'une famille fixe de fonctions mais à l'aide d'un approximateur universel, capable d'approcher n'importe quelle fonction continue. L'approximateur que nous avons choisi est la logique floue pour sa capacité à traduire des connaissances symboliques du problème en une fonction numérique.

Travaux réalisés

La première approche que nous avons considérée est basée sur le principe des champs de forces virtuels. Le robot est attiré par son objectif et repoussé par l'obstacle qu'il perçoit. Pour la force d'attraction elle est calculée directement à partir des positions du robot et de la cible par contre pour la détermination de la force répulsive on applique un raisonnement flou. On a utilisé un contrôleur flou de type Takagi Sugeno, ce type de contrôleur repose sur une représentation à base de règles. Toute fois, à la différence des contrôleurs de type Mamdani, la partie conclusion des règles s'exprime de manière numérique sous la forme d'une constante. Les entrées du contrôleur sont la distance d_{obs} et θ_{obs} tandis que la sortie est $\theta_{rép}$. La première entrée est partitionnée en trois (3) sous ensembles flous de formes Gaussiennes. La deuxième entrée est partitionnée en sept (7) sous ensembles flous de formes Gaussiennes, alors que la sortie elle est représentée par douze (12) constantes (*singleton*). Le rôle de l'expert est ici présent car c'est lui qui va fixer les règles de la commande qui vont porter uniquement sur les variables linguistiques. En effet il est toujours difficile d'exprimer ce qu'on veut dire, mais il semble encore plus difficile de comprendre ce que dit quelqu'un d'autre.

A ce stade, on a donc la sortie définie sous forme linguistique avec des degrés d'appartenance précis. Les méthodes d'inférence fournissent une fonction d'appartenance résultante pour la variable de sortie. Il s'agit donc d'une information floue qu'il faut transformer en grandeur physique.

Le principe général est de déterminer la prochaine direction de navigation en résolvant un ensemble de conflits. Des éléments, que l'on pourrait appelé *experts,* sont chargés d'analyser chacun une particularité de l'environnement et d'apporter une réponse pour la traiter. Dans le cas du but à atteindre, l'expert fournit la direction à suivre pour le rejoindre directement si aucun obstacle n'est présent. Dans le cas d'obstacle, chaque expert fournit la direction à suivre pour ne pas entrer en collision avec l'obstacle dont il a la charge. Chaque expert ayant indiqué sa réponse, il s'agit ensuite de synthétiser l'information afin de fournir une seule direction permettant de guider le robot. Chaque proposition formulée correspond à un chemin et représente ainsi une direction valide.

La plupart des approches intelligentes courantes sont heuristiques en nature. Ce genre d'approches a deux inconvénients :

- elle dépend uniquement du problème pris en charge, c'est-à-dire une méthode peut fonctionner bien pour un problème mais pas pour un autre,
- il n'y a aucun cadre pour modéliser et représenter différents aspects de stratégies.

Mais dans ce travail on s'intéresse au chemin le plus court. Pour que le régulateur ne reste pas figé, on a proposé une méthode d'apprentissage par gradient descendant, qui permet l'ajustement automatique des paramètres du contrôleur afin d'obtenir des sorties désirées pour des entrées données.

Dans l'approche que nous avons réalisée, les données sont tout d'abords prétraitées de manière à réduire la complexité du problème et le nombre de règles nécessaires. Le formalisme flou, de part ses propriétés d'approximateur universel, a la possibilité de décrire la transformation recherchée mais l'expression sous forme de règles de notre compréhension du mécanisme de navigation ne permet pas de générer une solution acceptable. Nous nous sommes tournés vers l'apprentissage automatique en contrôle (l'apprentissage supervisé). Son principe est de permettre à un contrôleur d'apprendre un comportement à partir d'une base d'exemples représentatifs de la forme (situation perçue, action correspondante). L'apprentissage se réalise généralement en trois étapes : le robot réalise tout d'abord la tâche pour laquelle on souhaite le programmer. Les couples d'exemples sont stockés et ensuite présentés à l'algorithme d'apprentissage. Le système résultant remplace finalement l'opérateur humain pour le contrôle du robot.

Le temps d'apprentissage d'une telle approche est reconnu comme long par de nombreux travaux. De manière à le réduire, nous proposons d'utiliser la logique floue afin de coder des connaissances initiales, ne laissant ainsi pas le système apprendre de zéro. Cette connaissance initiale peut être fournie aussi bien pour le contrôleur que pour la fonction de

renforcement. Le système est composé de deux parties : (l'apprentissage du contrôleur et l'ajustement des paramètres des fonctions d'appartenances). Nous nous sommes plus particulièrement intéressés à la deuxième partie où on propose la méthode du gradient.
Les résultats obtenus sont très satisfaisants malgré le nombre de règles réduit (*avec seulement 21 règles*).

Dans la deuxième approche, l'idée principale est de produire des règles floues à partir des données entrées/sortie, combiner ces règles et les règles floues linguistiques dans une base commune, et en conclusion concevoir un système de commande.
On a commencé premièrement par la génération des règles floues par l'emploi de la méthode de Wang et Mendel qui consiste :
1. à la division des espaces d'entrée/sortie en régions flous,
2. à la génération des règles floues à partir des paires de données,
3. à l'attribution d'un degré d'appartenance à chaque règle,
4. à la création d'une base de règles floues combinées,
5. à la détermination de la fonction de commande.

Malgré l'obtention d'une base de règles finale réduite pour le contrôleur utilisé, les résultats obtenus sont peu satisfaisants. Pour remédier à ce problème, nous nous sommes intéressés aux algorithmes génétiques pour ajuster les paramètres du contrôleur flou. Deux méthodes sont utilisées (*ajustement des structures surfaces et profondes*).

- *Ajustement des structures surfaces :* Il est possible d'exécuter des opérations logiques sur les limites d'un ensemble flou. On parle de frontières linguistiques, la signification de l'ensemble s'en trouve modifiée. Nous en citons les plus connus (*la compression et la dilution*).

- *Ajustement des structures profondes :* pour changer les formes des fonctions d'appartenance, on doit changer les paramètres qui les déterminent.

L'objectif de l'application des algorithmes génétiques sera de réduire au minimum l'erreur moyenne quadratique.

La méthode d'ajustement génétique a les composantes suivantes :
1. Pour la population initiale on a choisi 50 individus.
2. Pour l'opérateur de croisement, le croisement standard à 2 points est appliqué,
3. Pour l'opérateur de mutation, la mutation uniforme est considérée,

4. Enfin un algorithme génétique avec le procédé de prélèvement universel stochastique de Beker est appliqué.

Après 50 générations on a obtenu un contrôleur flou très performant qui permet d'éviter l'obstacle quelque soit sa position dans l'espace de travail.

Bibliographie

[**And.88**] Anderson (T.L) et Donath (M). – Animal Behavior as a Paradigm for Developing Robot Autonomy. *International Journal on Robotics and Autonomous Systems*, vol.6,n° 1-2, juin 1990, pp.145-168.-ISSN 0921-8830.

[**Aou.2006**] Aouaouda S.- Opitimisation du contrôleur flou par algorithmes génétiques-Application à un robot mobile. *Mémoire de magisteur*, 2006.

[**Arc.93**] Arciniegas (J.I.), Cios (K.J.] et Eltimashi (A.H). Fuzzy Inference, Radial Basis Functions and Control of Flexible Robotic Manipulators. *In: Proc. Of International Conference on Artificial Neural Networks*, 2d. par Gielen (S.) et Kappen (B.). pp.301-304.-Amesterdam, The Netherlands, septembre 1993.

[**Bak.87**] Baker (J. E.).- Reducing bias and inefficiency in the selection algorithm. *In: Proc. 2nd Int. Conf. Genetic Algorithms*,Hillsdale, NJ, pp. 14-21, 1987.

[**Bee.90**] Beer (R.D.), Chiel (H.J.) et Sterling (L.S.).- A Biological Perspective on Autonomous Agent Design. *International Journal on Robotics and Autonomous system*, vol. 6, n) 1-2, juin 1990, pp. 169-186.-ISSN 0921-8830.

[**Bou.92a**] Bouslama F., Ichikawa A., Fuzzy control rules and their natural control laws, *Fuzzy Sets and systems*, 48, pp.65-86,1992.

[**Buc.89**] Bucky J., Ying H., Fuzzy Controller Theory: Limit Theorems for Linear Control Rules, *Automatica*, 25, pp. 469-472, 1989.

[**Buc.90**] Buckly J., Fuzzy Controller: Further Limit for Linear Fuzzy Control Rules, *Fuzzy Sets and Systems*, 36, pp.225-233, 1990.

[**Buh.94**] Buhler H. – Réglage par logique floue, *Presses polytechnique et universitaires Romandes*. 1994

[**Cas.93**] Castro (A.), Delgado (M.) et Herrera (F.).- A learning Method of Fuzzy Reasoning by Genetic Algorithms. *In: Proc. Of the First European Congress on Fuzzy and Intelligent Technologies (EUFIF'93)*, pp. 804-809.- Aachen, Germany, septembre 1993.

[**Cas.03**] Casillas (O.), Cordon (F.), Herrera (F.) et Magdalina (L.).-Eds., Interpretability Issues in Fuzzy Modeling. *In: Heidelberg Germany*: Springer –Verlag, 2003.

[**Cas.03**] Casillas (O.), Cordon (F.), Herrera (F.) et Magdalina (L.).- Eds., Accuracy Improvements in Linguistic Fuzzy Modeling.*In: Heidelberg Germany:* Springer –Verlag, 2003.

[**Cas.02**] Casillas (J.), Cordon (O.) et Herrera (F.).- COR : A methodology to improve ad hoc data-driven linguistic rule learning methods by inducing cooperation among rules. *In: IEEE Trans. Syst., Man, Cybern. B, Cybern.*, vol. 32, n° 4, pp. 526-537, 2002.

[**Cas.05**] Casillas (J.), Cordon (O.), Del Jesus (M. J.) et Herrera (F.).- Genetic tuning of fuzzy rule deep structures preserving interpretability an dits interaction with fuzzy rule set reduction. *In: IEEE Trans. on fuzzy Syst.* vol. 13, n) 1, 2005.

[**Cha.72**] Chang S., Zadeh L.,- On Fuzzy Mapping and Control, *IEEE Trans. On Systems, Man and Cybernetics*, SMC 2, pp.30-34, 1972.

[**Che.91**] Chen (S.), Cowan (C.F.N.) et Grant (P.M.).- Orthogonal Least Squares Learning Algorithm for Radial Basis Function Networks. *IEEE Transactions on Neural Networks*, vol.2, n)2, mars 1991, pp.302-309.- ISSN: 1045-9227.

[**Con.93**] Connolly (C.I.) et Grupen (R.A.).- On the applications of Harmonic Functions to Robotics. *Journal of Robotics Systems*, vol. 10, n)7, octobre 1993, pp. 931-946.

[**Coo.94**] Cooper (M.G.) et Vidal (J.J.).- Genetic Design of Fuzzy Controllres :The Cart and Jointed-Pole Problrm. *In: Proc. Of the IEEE International Conference on Fuzzy Systems*. –Orlando, Florida, USA, juin 1994.

[**Coo.93**] Cooper (M.G.) et Vidal (J.J.).- Genetic Design of Fuzzy Controllres. *In: Proc. Of the Second International Conference on Fuzzy Theory and Technology*.- Durham, North Carolina, USA, octobre 1993.

[**Cor.97**] Cordon (O.) et Herrera (F.).- A three-stage evolutionary process for learning descriptive and approximate fuzzy logic controller knowledge bases from examples, *In: Int. J. Approx. reason.*, vol. 17, n°. 4, pp. 369-407, 1997.

[**Cor.98**] Cordon (O.), Del Jesus (M. J.) et Herrera (F.).- Genetic learning of fuzzy rule based classification systems cooperating with fuzzy reasoning methods. *In: International Journal Intell. Sys.*, vol. 13, pp. 1025-1053, 1998.

[**Cor.01**] Cordon (O.), Herrera (F.), Hoffmann (F.) et Magdalena (L.).- Genetic Fuzzy Systems. *In : Evolutionary Tuning and learning of Fuzzy Knowledge Bases*. Singapore: World Scientific, 2001.

[**Fou.98**] Foulloy L. Galichet S.,- Fuzzy and Linear Controllers, dans H.T Nguyen et M.Sugeno (dir), *The Handbooks of Fuzzy Set Series- Fuzzy Systems Modeling and Control*, Kluwer Academic Publishers, pp.197-225, 1998.

[**Ful.00**] Fullér (R.).- Introduction to Neuro-Fuzzy Systems.*In. Heidelberg*, Germany: Springer-Verlag, 2000.

[**Gal.95**] Galichet S., Foulloy L., Fuzzy Controllers: Synthesis and Equivalences, *IEEE Transactions on Fuzzy Systems, vol.* 3, n° 2, pp. 140-148, 1995.

[**Gar.94**] Garnier (Ph.).- Apprentissage d'un base de règles floues par la méthode du simplexe. *In : Les Applications des Ensembles Flous* – Quatrièmes journées Nationales.- Lille, décembre 1994.

[**Glo.91**] Glorennec (P.Y.).- Un réseau Neuro-flou évolutif. *In : Proc. Of the Fourth International Conference on Neural Networks and Applications*, pp. 301-314.- Nîmes, novembre 1991.

[**Glo.93**] Glorennec (P.Y.).-Fuzzy Q-learning and dynamical Fuzzy Q-Learning, 1993.

[**Glo.93**] Glorennec (P.Y.).- Logique Neuro-Floue. *In : Actes des Troisièmes journées Nationales : Les applications des ensembles flous*, pp.219-229. Nîmes, France, octobre 1993.

[**God.01**] Ghodbane H.- Navigation d'un robot mobile en presence d'obstacle. *Mémoire de magister, 2001*.

[**Got.87**] Goto (Y.) et Stentz (A.).- Mobile Robot Navigation: The CMU System. *IEEE Expert*, vol. 2, n°4, 1987, pp 44-54.

[**Gué.93**] Guély (F.) et Siarry (P.).- Gradient Descent Method for Optimizing Various Fuzzy Rule Bases. *In: Proc. Of the IEEE International Conference on Fyzzy Systems*, pp. 1241-1246.- San Francisco, CA, USA, mars 1993.

[**Had.01**] Haddar L. et Semahi M. – Navigation d'un robot mobile.- *Mémoire d'ingénieur*. 2001.

[**Hel.97**] Hellendoorn H. et Driankov D.-Fuzzy Model Identification, Selected approaches, *Springer*. 1997.

[**Her.93**] Herrera (F.), Lozano (M.) et Verdegay (J.L.).- *Generating Fuzzy Rules from Examples using Genetic Algorithms*.- Rapport technique, Departement of Computer Science and Artificial Intelligence, Universidad de Granade, octobre 1993.

[**Her.93**] Herrera (F.), Lozano (M.) et Verdegay (J.L.).- *Genetic Algorithms Applications to Fuzzy Logic Based Systems*.- Rapport technique, Departement of Computer Science and Artificial Intelligence, Universidad de Granade, octobre 1993.

[**Her.93**] Herrera (F.), Lozano (M.) et Verdegay (J.L.).- *Tuning Fuzzy Logic Controllers by Genetic Algorithms*.- Rapport technique, Departement of Computer Science and Artificial Intelligence, Universidad de Granade, octobre 1993.

[**Her.95**] Herrera (F.), Lozano (M.) et Verdegay (J. L.).-Tuning fuzzy logic controllers by genetic algorithms, *In:Int. J. Approx. Reason.*, vol. 12, pp. 299-315, 1995.

[**Her.97**] Herrera (F.), Lozano (M.) et Verdegay (J. L.).- Fuzzy connectives based crossover operators to model genetic algoritms population diversity. *In: Fuzzy Sets Systems*, ol. 92, n° 1, pp. 21-30, 1997.

[**Hu.99**] Hu B., Mann G. , Gosiner R., - A new Methodology for Analytical and Optimal Design of Fuzzy PID Controllers, *IEEE Transactions on Fuzzy Systems*, vol. 7, n°5, pp. 521-539, 1999.

[Ish.93] Ishibuchi (H.), Nozaki (K.) et Tanaka (H.).- Empirical Study on Learning in Fuzzy Systems. *In: Proc. Of the IEEE International Conference on FuzzySystems*, pp. 606-6111.- San Francisco, CA, USA, mars 1993.

[Jan.92] Jang (J.R.).- Self-learning Fuzzy Controllers Based on Temporal Back Propagation. *IEEE Transactions on Neural Networks*, vol. 3, n°5, septembre 1992, pp. 714-723.

[Jin.99] Jin (Y.) Von seelen (W.) et Sendhoff (B.).- On generating FC^3 fuzzy rule systems from data using evolution strategies. *In: IEEE transaction Syst. Man, Cybern. B, Cybern.*, vol. 29, n° 4, pp 829-845, 1999.

[Jou.93] Jou (C.C.).- Supervised Learning in Fuzzy Systems : Algorithms and Computational Capabilites. *In: Proc. Of The IEEE International Conference on Fuzzy Systems*, pp. 1-6.- San Francisco, CA, USA, mars 1993.

[Kat.93] Katayama (R.), Kajitani (Y.), Kuwata (K.) et Nishida (Y.).- Self Generating Radial Basis Function as Neuro-fuzzy Model and its Application to Nonlinear Prediction of Chaotic Time series. *In: Proc. Of the IEEE International Conference on Fuzzy Systems*, pp. 407-414.- San Francisco, Ca, USA, mars 1993.

[Kat.86] Khatib [O.).- Real-Time Obstacles Avoidance for Manipulators and Mobile Robots. *The International Journal of Robotics Research*, vol. 5, n°1, Spring 1986, pp. 90-98.

[Kar.91] Karr (C. L.).- Genetic Algorithms for Fuzzy Controllers. *In: Al Axpert*, vol. 6, n°. 2, pp. 26-33, 1991.

[Kos.92] Kosko (B.).- *Neural Networks and Fuzzy Systems: A Dynamical Systems Appoach to Machine Intelligence*.- London, Prentice-Hall International Editions, 1992. ISBN 0-13-612334-1.

[Krz.98] Krzysztof K.- Modelling and identification in robotics :*Advances in Industrial Control*. Springer.1998.

[la.93] La (R.), Guély (F.) et Siarry (P.).- Apprentissage d'une base de règles floues par la méthode du recuit simulé. *In : Actes des troisèmes Journées Nationales : Les applications des Ensembles Flous*, pp. 221-240.- Nîmes, France, octobre 1993.

[Lal.94] Lallemend J.P. et Zeghloul S.- Robotique Aspects fondamentaux, *Modélisation mécanique CAO robotique-Commande*.Masson, 1994.

[Lee.90] Lee (C.C.).- Fuzzy Logic in Control Systems : Fuzzy Controller, Part II. *IEEE Transactions on Systems, Man, and Cybernetics*, vol. 20, n°2, mars 1990, pp. 491-435.- ISSN 0018-9472.

[**Lee.93**] Lee (M.A.) Takagi [H.).- Interacting Design Stages of Fuzzy Systems using Genetic Algorithms. *In: Proc. Of the IEEE International Conference on Fuzzy Systems*, pp. 612-617.- San Francisco, CA, USA, mars 1993.

[**Liu.01**] liu (B. D.), Chen (C. Y.) et Tsao (J. Y.).- Design of adaptive fuzzy logic controller based on linguistic-hedge concepts and genetic algorithms.-*In: IEEE Trans. Syst., Man, Cybern. B, Cybern.*, vol. 31, n° 1, pp. 32-53, 2001.

[**Mac.76**] MacVicar-Whelan P.J,-Fuzzy Sets for Man-Machine Interaction, *Internationl Journal of Man-Machine Studies*, 8, pp.687-697, 1976.

[**Mam.74**] Mamdani E., Application of fuzzy algorithms for control of simple dynamics plant, *proceedings of the institution of Electrical Engineers, Control and Science*, vol. 121, n°12, pp. 1585-1588, 1974.

[**Mam.75a**] Mamdani E., Assilian S.- An Experiment in Linguistic synthesis of fuzzy controllers, *International Journal of Man-Machines Studies*, n°8, pp.1-13, 1975.

[**Mam.75b**] Mamdani E.-Advances in the linguistic synthesis with a fuzzy Logic Controller, *International Journal of Man.Machines Studies*, n°8, pp. 669-678, 1975.

[**Mam.77**] Mamdani E.,- Application of fuzzy Logic to Approximate Reasoning using Linguistic Synthesis, *IEEE Transactions on computers* , vol . C26, n°12, pp.1182-1191,1977.

[**Mar.89**] Mark W. Spong et Vidyasagar M.- Robot Dynamics and Control, *John Willy & Sons*. 1989.

[**Mat.92**] Matia F., Jimeneza A., Galan R., Sanz R.,- Fuzzy Controllers : Lifting the linear-Nonlinear Frontier, *Fuzzy Sets and Systems*, 52, pp.113-128, 1992.

[**Mud.99**] Mudi R.K., Pal N.R.,-A Robust Self Tuning Scheme for Pi- and PD- type Fuzzy Control, *IEEE Trans. On Fuzzy Systems*, vol 7, n°1, pp.2-16, 1999.

[**Nau.93**] Nauck (D.), Klawonn (F.) et Kruse (R.).- Combining Neural Networks and Fuzzy Controllers. *In: Proc. of the International Conference on Fuzzy Logic and Artificial Intelligence*.- Linz, Austria, juin 1993.

[**Nau.93**] Nauck (D.) et Kruse (R.).- A Fuzzy Neural Network Learning Fuzzy Control Rules and Membership Functions by Fuzzy Error Backpropagation. *In: Proc. Of the IEEE International Conference on Neural Networks*, pp. 1022-1027.- San Francisco, USA, mars 1993.

Nau.97] Nauck (D.), Klawonn (F.) et Kruse (R.).- Fundations of Neuro-Fuzzy [Systems. New York: Wiley, 1997.

[**Nau.99**] Nauck (D.) et Kruse (R.).- Neuro-fuzzy systems for function approximation. *In: Fuzzy Sets Systems*.vol. 101, n° 2, pp. 261-271, 1999.

[**Nie.93**] Nie (J.) et linkens [D.A.).- Learning Control Using Fuzzified Self-Organizing Radial Basis Function Network. *IEEE Transactions on Fuzzy Systems*, vol. 1, n°4, novembre 1993, pp. 280-287.- ISSN 0162-8828.

[**Pro.79**] Procyk (T.J.) et Mamdani (E.H.).- A linguistic Self-Organizing Process Controller. *Automatica*, vol. 15, n°1, janvier 1979, pp. 15-30,-ISSN 0005-1098.

[**Set.00**] Setnes (M.) et Roubos (J. A.).- Ga-fuzzy modeling and classification : Complexity and performance. *In: IEEE trans. Fuzzy Syst.*, vol. 9, n° 5, pp. 509-522, 2000.

[**Sug.93**] Sugeno (M.) et Yasukawa (T.).- A fuzzy logic based approach to qualitative modeling, *In : IEEE transaction Fuzzy Syst.*,vol. 1, pp. 7-31, 1993.

[**Tak.85**] Takagi (T.) et Sugeno (M.).- Fuzzy Identification of Systems and Its Applications to Modeling and Control. *IEEE Transactions on Systems, Man, and Cybernitics*, vol. 15, n° 1, janvier 1985, pp. 116-132.-ISSN 0018-9472.

[**Tan.87**] Tang K., Mulholland R.,-Comparing Fuzzy Logic with Classical Controllers Designs, *IEEE Trans. On Systems, Man and Cybernetics*,17, pp. 1085-1087, 1987.

[**Tao.00**] Tao C.W., Taur J.S.,- Flexible Complexity Reduced PID-Like Fuzzy Controllers, *IEEE Trans. On Systems, Man and Cybernetics- Part B: Cybernetics*, vol.30, n°4,pp.510-516, 2000.

[**Tao.05**] Tao, C.W. and J.S Taur,- Robust fuzzy control for a plant with fuzzy linear model, *IEEE Transactions on Fuzzy systems*,13, pp.30-41, 2005.

[**Thr.91**] Thrift (P.).- Fuzzy logic sybthesis with genetic algorithms. *In: Proc. 4th Int. Conf. Genetic algorithms*. R. K. Belew and L. B. Booker, Eds., San Mateo, CA, pp. 509-513, 1991.

[**Wal.93**] Wallace (R.), Matsuzaki (K.), Goto (Y.), Crisman (J.), Webb (J.) et Kanade (T.).- Progress in Road-following. *In: proc. Of the IEEE International Conference on Robotics and Automation*, pp. 1615-1621, - San Francisco, USA, avril 1986.
[**Wan.93**] Wang (L.X.).- Training of Fuzzy Logic Systems using Nearest neighbourhood Clustering. *In : Proc. Of the IEEE International Conference on Fuzzy Systems*, pp. 13-17.- San Francisco, Ca, USA, mars 1993.

[**Wan.92**] Wang (L.X.) et Mendel (J.M.).- Generating fuzzy rules bu learning from examples. *In: IEEE Transactions Syst., Man, Cybern.*,vol. 22, n°. 6, pp. 1414-1427, 1992.

[**Wang.92**] L. X. Wang and J.M. Mendel, *Generating fuzzyrules by learning from examples, IEEE trans. Syst., Man, Cybern, vol. 22, n°. 6, pp. 1414-1427, Dec. 1992*

[**Yan.00**] Yan shi and Masaharu M. – Some considerations on conventional neuro_fuzzy learning algorithms by gradient descent method. *ELSEVIER, fuzzy sets systems*. pp.112, 2000

[**Zad.75.76**] Zadeh (L.A.).- Concept of linguistic variable an dits application to approximate reasoning. *In: 1, 2, et 3, Inform. Sci.*, Vol. 8, 9, n° 3, 4, 1, pp. 199-249, 301-357, 43-80, 1975 / 1976.

[**Zad.94**] Zadeh (L.A.).- sSoft computing and fuzzy logic. *In: IEEE Software,* vol. 11, n°6, pp. 48-56, 1994.

[**Zad.73**] Zadeh L.,-Outline of a New Approach to the Analysis of Complex Systems and Decision Processes-I, *Information Sciences,* 8, pp.199-249, 1975.

Oui, je veux morebooks!

I want morebooks!

Buy your books fast and straightforward online - at one of the world's fastest growing online book stores! Environmentally sound due to Print-on-Demand technologies.

Buy your books online at
www.get-morebooks.com

Achetez vos livres en ligne, vite et bien, sur l'une des librairies en ligne les plus performantes au monde!
En protégeant nos ressources et notre environnement grâce à l'impression à la demande.

La librairie en ligne pour acheter plus vite
www.morebooks.fr

VDM Verlagsservicegesellschaft mbH
Heinrich-Böcking-Str. 6-8　　　　　　　　　　　　　info@vdm-vsg.de
D - 66121 Saarbrücken　　　Telefax: +49 681 93 81 567-9　　www.vdm-vsg.de

Printed by Books on Demand GmbH, Norderstedt / Germany